Soil Micro-Food Web in Response to Karst Ecosystem Restoration

喀斯特生态恢复土壤微食物网

◎ 李忠芳　胡 宁　娄翼来　张晴雯　等 著

中国农业科学技术出版社

图书在版编目（CIP）数据

喀斯特生态恢复土壤微食物网／李忠芳等著 . —北京：中国农业科学技术
出版社，2020. 1

ISBN 978-7-5116-4585-2

Ⅰ.①喀…　Ⅱ.①李…　Ⅲ.①喀斯特地区-土壤生态学-研究　Ⅳ.①S154. 1

中国版本图书馆 CIP 数据核字（2020）第 021849 号

责任编辑　李　玲
责任校对　贾海霞

出 版 者　中国农业科学技术出版社
　　　　　北京市中关村南大街 12 号　邮编：100081
电　　话　（010）82106643（编辑室）　　（010）82109702（发行部）
　　　　　（010）82109709（读者服务部）
传　　真　（010）82106650
网　　址　http：//www.castp.cn
经 销 者　各地新华书店
印 刷 者　北京建宏印刷有限公司
开　　本　710mm×1000mm　1/16
印　　张　10. 75
字　　数　220 千字
版　　次　2020 年 1 月第 1 版　2020 年 1 月第 1 次印刷
定　　价　56. 00 元

《喀斯特生态恢复土壤微食物网》
著者名单

主　著　李忠芳　胡　宁
　　　　娄翼来　张晴雯
副主著　王义东　邢　稳
　　　　唐　政　罗杨合

内容简介

　　本书系统总结了广西壮族自治区退化喀斯特人工林生态恢复过程中土壤微食物网演变特征及机制方面的研究成果，主要内容包括喀斯特生态恢复土壤关键理化性质的变化、喀斯特生态恢复土壤微生物群落的演变特征及机制、喀斯特生态恢复土壤原生动物群落的演变特征及机制、喀斯特生态恢复土壤线虫群落的演变特征及机制，不仅有助于更好地认识退化喀斯特的生态恢复过程及机理，亦可为喀斯特系统的生态恢复评价和环境治理提供一定的理论参考。

　　本书适合从事与生态学、土壤学、生物地球化学、环境科学等方面相关的工作人员或研究人员阅读和使用。

前 言

作为"中国三大生态灾害"之一的"石漠化",是我国西南喀斯特地区的重要生态环境问题,其极易引发洪水、泥石流、山体滑坡等自然灾害,对生态、地质安全构成极大威胁。长期以来,人们广泛采取植树造林等生态恢复重建措施进行石漠化喀斯特的环境治理。生态恢复过程通常是一个复杂系统的过程,地上植被和地下土壤系统往往相互作用和关联,可以进行协同演替。

由"微生物-原生动物-线虫"构成的土壤微食物网(Soil micro-food web)作为生态系统的重要组成部分,参与有机质分解和养分循环等诸多生态过程,在生态系统功能的维持上发挥重要作用,并可以作为生态系统恢复演替的良好指示者。深入研究喀斯特生态恢复过程中土壤微食物网的演变特征,不仅有助于更好地认识退化喀斯特的生态恢复过程及机理,亦可为喀斯特系统的生态恢复评价和环境治理提供一定的理论参考。

本书以广西壮族自治区(简称"广西",后用简称)环江典型喀斯特系统为代表,采用空间序列代替时间序列的方法,选取相对邻近的裸地(石漠化对照样地)和系列年限(2 年、4 年、8 年、16 年)人工林生态恢复样地,通过野外实地取样和实验室测定分析,研究揭示了退化喀斯特人工林生态恢复过程中:土壤微生物群落大小、活性、多样性、生理生态、化学计量和群落结构等方面的演变特征;土壤原生动物群落组成、大小和多样性的演变特征;土壤线虫群落结构、多样性、代谢功能和分解通道等方面的演变特征;并运用冗余分析、CCA-VPA 和结构方程模型等统计分析手段,结合地上植被、地下资源输入和土壤关键理化性质的相关关系分析,探讨解析了土壤微食物网的演变机制和主要驱动因子,旨在为更好地认识喀斯特植被恢复的土壤生态过程提供科学依据,亦为喀斯特生态环境治理和生态恢复评价提供一定的理论参考。

本书的撰写过程经历了较长的时间,从试验设计、开展、数据采集及整理,直至形成文字初稿得到基地及科研单位诸多专家的指导和支持,后期文字修改等也得到出版社相关专家的帮助，在此表示衷心的感谢！本书相关的研究完成及本书的撰写先后得到多个项目和平台的长期大力支持，分别为：国家自然科学基金项目"喀斯特植被恢复过程中土壤线虫的指示作用和生态功能"（41661073）、广西自然科学基金项目"峰丛谷地大型土壤动物生物多样性及其生态功能研究"（2016GXNSFAA380183）和"土壤碳氮稳定性的线虫食物网下行调控"（2017GXNSFBA198111）、广西高等学校高水平创新团队及卓越学者计划（桂教人〔2018〕35号）、中央级科研院所基本科研业务费（BSRF201715）、中国农业科学院科技创新工程、广西果蔬保鲜和深加工研究人才小高地及贺州学院2016年教授启动基金（HZUJS201611）等，在此一并表示感谢！

　　由于著者水平有限，且涉及多个学科领域，书中难免有不足之处，敬请各位同仁批评指正！

著者

2019 年 11 月

目　　录

第一章　喀斯特生态系统以及生态恢复概况

第一节　喀斯特生态系统简介

喀斯特指的是地下水、地表水对可溶性岩石（主要是碳酸盐岩）的溶蚀及改造作用。这种作用下所形成的地表、地下形态，被称作为喀斯特地貌。我国喀斯特岩溶的总面积高达 344 万 km²，是喀斯特分布最广、面积最大的国家，也是世界上喀斯特连续地带发育最完全的。喀斯特地区的生态环境脆弱、人地矛盾突出，在人口增加和工农业快速发展的双重影响下，人们通常过度开发利用资源，乱砍滥伐森林以及不合理开垦耕作农田等，从而造成严重的土壤侵蚀，基岩大面积裸露，进而导致土壤生产力急剧下降、地表呈现类似荒漠景观的土地退化。这种"石漠化"现象是我国西南喀斯特地区最为严重的生态环境问题之一，其极易引发洪水、泥石流、山体滑坡等自然灾害，对生态、地质安全构成了极大的威胁，与西北地区的沙漠化、黄土高原的水土流失并称为"中国三大生态灾害"。所以，长期以来退化喀斯特的生态恢复与重建工作至关重要，是改善喀斯特地区生态环境、保障地质安全、促进区域社会经济可持续发展的必然选择。

喀斯特生态系统具有敏感度高、稳定性差及环境容量低等生态脆弱性特征。喀斯特生态系统的基本特征表现为：地域结构的形成形式为地表、地下双层结构的三维空间地域；物质能量流动是 C、Ca 元素交换，贮存和转移的化学溶蚀动力过程，地球表层物质是可溶解的碳酸盐岩；整个环境系统是耗散结构的开放性系统（高贵龙等，2003）。整个系统在运动中形成了一个多相多层次、复杂、高熵的喀斯特环境体系，喀斯特生态系统中，由于环境向生态系统输入的负熵流小，以致整个生态系统显示出变异敏感度高、稳定性差、异质性强、抗干扰能力弱、功能低下、环境生态容量低等一系列脆弱性特征。若人类不能合理利用保护喀斯特环境，喀斯特环境潜在的脆弱性将由于人类活动的干扰而强化，进而促使生态系统退化（刘映良，2005）。

喀斯特生态环境与其他生态环境系统一样，环境中物质的生物地球化学循环受地质（岩石、土壤）、水（地表水、地下水）、气候（降水）、地理（地形、地貌）、生物（植被、土壤微生物等）与大气（自然与人为输入物）的控制。因此，喀斯特生态系统运行基础与系统中大气、水、土壤、岩石、生物（植物-微生物）等物质的生物地球化学循环密切相关，其运动规模、转移方向、流通速率决定着生态系统生产力与稳定性，其耦合与脱耦合与喀斯特生态系统稳定与退化息息相关（刘丛强等，2009）。喀斯特生境的特点表现为多种小生境类型镶嵌构成的复合体，该生境的生态有效性由其组合状况所决定，小生境的多样性充分说明了喀斯特生境的异质性高。研究表明，喀斯特生境的异质性与地形条件特点密切相关，并明显受到裸岩率和森林覆盖率的影响（魏媛等，2008）。

生态恢复过程通常是一个复杂系统的过程，不仅体现在地上植被的恢复，往往也伴随着地下土壤系统的恢复，地上-地下相互作用和关联。地下系统的恢复既可以对地上植被恢复起到指示作用，也可能是地上系统恢复的重要驱动力，二者可能发生协同演替（唐政等，2015）。所以，人们对于喀斯特生态恢复的土壤学过程给予了较多的关注，已经开展了大量的研究工作。例如，已有研究发现，喀斯特地区进行了退耕还林生态恢复后，土壤有机碳含量显著增加，微生物活性显著增强，原生动物多样性增加（唐政等，2014）。然而，到目前为止，关于喀斯特生态恢复过程中的土壤线虫微食物网特征知之甚少。由"微生物-原生动物-线虫"构成的土壤微食物网是土壤生态系统的重要组成部分，不仅直接参与和间接调控土壤有机质分解和养分循环，而且由于线虫的物种多样和占据多个营养级的特点，所以微食物网能很大程度上反映整个土壤食物网的状况，包括结构、多样性和功能等。土壤微食物网对于环境变化十分敏感，可以作为生态恢复演替的良好指示者。

退化喀斯特人工林生态恢复过程中，通常伴随着地上植被生物量及多样性的增加、地下资源输入的增多以及土壤湿度、孔隙度等环境条件的改善，所以土壤线虫微食物网的生物群落大小、多样性、结构化程度、代谢功能可能趋于增加；此外，植被演替通常导致地下输入资源质量的改变，所以土壤腐屑食物网的分解通道和C/N生态化学计量特征可能发生变化（如果资源的木质素、纤维素等难分解成分含量增加以及C/N比升高，那么真菌分解通道的相对重要性可能增强，微生物C/N比可能升高，反之细菌分解通道的权重可能增加，微生物C/N比可能降低）。

第二节　喀斯特石漠化

石漠化现象是指人类在脆弱喀斯特生态环境下的不合理社会经济活动，过度的乱砍滥伐，造成人地矛盾突出、植被破坏严重、水土严重流失、岩石逐渐裸露、土地生产力衰退甚至丧失，地表呈现类似于荒漠化景观的演变过程或结果（王霖娇等，2016）。

从时空尺度上说，喀斯特石漠化，发生在人类活动较强时期的亚热带喀斯特地区；从起因上看，是在潜在的自然因素基础上叠加人类活动所致，其发展趋势决定着人地关系协调与否；从结果上看，土地生物产量急剧降低，基岩大面积裸露具类似荒漠景观；水土流失和旱涝是石漠化的直接表现形式，土壤侵蚀是石漠化最直接的影响因素。从本质上看，是一种土地退化过程，石漠化扩展意味着生存环境丧失（胡宝清等，2004）。

关于喀斯特石漠化的形成原因，脆弱的自然、生态和地质环境为发生背景，强烈的人类活动为主导驱动力的石漠化驱动机制已为大家所普遍接受。石漠化与地貌分布的空间关系也有很大的相关性（王世杰等，2003）。深切割高中山、峰丛洼地及峰丛中山等地貌在所有地貌类型中的石漠化发生率最高，都在30%以上，丘陵区和低山区的石漠化发生率虽然也相对较高，但是主要以轻度石漠化为主，强度石漠化很少；浅切割中山、盆地和峰丛低山的石漠化发生率较低，都以轻、中度为主。无论是总的石漠化发生率还是轻度、中度和强度石漠化发生率，除了丘陵地区外，石漠化发生率都随切割度增大而增大，并且在同一地貌单元中随相对高差的增大也有增大的趋势。事实上，石漠化的发生、发展过程就是人类活动破坏生态平衡所导致的地表覆盖度降低的土壤侵蚀过程，其过程体现为：人为因素→林退、草毁→陡坡开荒→土壤侵蚀→耕地减少→石山、半石山裸露→土壤侵蚀→完全石漠化（黄秋昊等，2007）。

土地石漠化被环境学家称为"地球癌症"，与西北地区的沙漠化、黄土高原的水土流失并称"中国三大生态灾害"（阳文良，2016）。地质-生态灾害是自然与人类相互作用，致使自然环境系统在演化变迁过程中发生变异退化，从而危及人类生存的现象。作为重要的地质-生态灾害，喀斯特石漠化灾害是导致喀斯特地质-生态环境系统内部与外部物质能量结构不匹配与不协调的重要原因。与其他灾害一样，喀斯特石漠化灾害具有孕灾环境、致灾因子、承灾体、灾害监测和预测、风险度评估以及防灾减灾对策等灾害属性和范畴。石漠化可能由于它对人类直接影响相对较小，往往带来的都是间接影响，因此未引起重视。但其危害性是严重的，引发连锁的灾害效应：水土流失→石漠化→旱涝灾害加重→生态系统崩溃，或者诱发其他自然灾害，石漠化引起更严重的水土流失，降低植被覆盖率，成为洪灾、泥石流、山体滑坡等自然灾害频发的诱因之一（刘立才等，2015）。

第三节　喀斯特生态恢复过程研究进展

石漠化过程事实上就是生境、植被逆向演替的过程。恢复工作则是通过人为作用，使其转变为顺向演替，使植被群落能够恢复，最后使生态系统向良性循环方向发展，但是，这是一项既复杂又漫长的生态学过程。喀斯特特殊的生境条件使植被恢复过程中小气候、土壤理化特性、土壤微生物特征等都发生变化，致使喀斯特石漠化地区立地的类型及其亚型为植被恢复过程中所提供的潜力有所不同，影响了植被群落的配置。因此，研究植被恢复过程对石漠化治理具有重大意义（周玮和高渐飞，2017）。

近年来，喀斯特地区石漠化治理越来越受到各界的重视。"十一五"期间，国家在西南地区 8 省区的 100 个县开展了综合治理示范并投入大量人力财力资源，同时，通过扶贫、退耕还林、水土保持、公益林建设、天然林保护、农田水利基本建设和其他生态重建等项目在各地建立了许多石漠化治理的模式，取得了一些明显的成效，石漠化发展的趋势在一些地方得到了初步抑制。但是，喀斯特山地石质化发展的趋势被认为是不可逆的过程，一些早期被认为是有成效的治理模式目前也暴露出了很多问题，取得的初步成效能否持续还有待进一步检验，石漠化治理的任务依然艰难（郭柯等，2011）。在岩溶石漠化区植被恢复重建过程中，针对生境异质性较强的特点，应选择优良乡土树种，采用开发造林和封育管理相结合的技术。岩溶区有丰富的植物资源，大量的优势物种尚且没有用在造林和播种试验中，许多种类生态功能和经济价值非常好，适当增加种源，营造适宜乔木植物生长的小生境，是促进岩溶山区森林植被迅速恢复的有效办法（郭红艳等，2016）。

总而言之，生态恢复通常是一个复杂系统的过程，不仅仅体现在地上植被的恢复，往往也伴随着地下土壤系统的恢复，地上-地下相互作用和关联。地下系统的恢复既可以对地上植被恢复起到指示作用，也可能是地上系统恢复的重要驱动力，二者可能发生协同演替（唐政等，2015）。所以，认识地下土壤系统的变化特征，对系统和深入了解整个生态恢复过程及机制至关重要，也是生态恢复评价和生态环境治理的重要依据。近年来，关于喀斯特生态恢复的土壤学过程备受关注。土壤生态过程包括物理、化学和生物学过程，大量研究结果表明，土壤的物理、化学和生物学性质对喀斯特生态恢复的响应敏感，土壤结构及孔隙度、有机碳及养分、微生物群落结构及活性、动物群落组成及多样性等与喀斯特植被恢复密切关联，可以作为喀斯特生态恢复的土壤学指标（龙健等，2005；王韵等，2007；向昌国等，2007；何寻阳等，2008；司彬等，2008；魏媛，2008；杨小青和胡宝清，2009；魏媛等，2009a，2009b，2009c，2010；樊云龙等，2010；邹军等，2010；张平究和潘根兴，2010，2011；李翠莲和戴全厚，2012；杨大星等，2013）。

土壤团聚体结构、孔性和湿度等指标作为重要的土壤物理性质，影响植物根系的伸展和整个植物的生长。在植被恢复过程中，随着植物根系、微生物和土壤有机质含量的增多，土壤团聚体稳定性往往会增强。土壤团聚结构的恢复进而可以改善土壤孔性，增加土壤通气孔隙度和保水孔隙度，改善土壤通气、保水性能。土壤孔性的改善进而可以增加土壤含水量，此外植被的恢复也可以起到蓄墒作用。例如，龙健等（2006）在贵州喀斯特地区通过十多年的定位试验研究发现，花椒种植等4种生态恢复模式均显著提高土壤团聚体稳定性、孔隙度和土壤湿度，改善土壤结构和通气保水性能，提高土壤物理肥力；司彬等（2008）在黔中研究了喀斯特生态恢复过程中土壤理化性质的变化，结果表明随着生态植被恢复，土壤容重呈降低趋势，这意味着土壤结构的改善和孔隙度的增加；唐政等（2015）在广西环江的研究发现，在人工林生态恢复下，退化喀斯特土壤孔隙度和湿度均随人工林年龄的延长而逐渐增加，增加速率分别达到每年 1.09% 和 0.61%。

土壤有机碳和养分状况作为重要的土壤化学性质，在喀斯特生态恢复的土壤化学过程研究中涉及最多。在植被恢复过程中，地上植被生物量的增加直接导致凋落物和根系周转的增加，从而可以从输入端促进土壤有机质和养分的积累。此外，土壤团聚体的物理保护以及植被覆盖的保护作用也可以从输出端减少土壤有机质的分解损失和养分流失。所以，喀斯特植被生态恢复过程中，通常伴随着土壤有机碳和养分的积累。例如，龙健等（2005，2006）在贵州喀斯特地区通过十多年的定位试验研究发现，花椒种植等 4 种生态恢复模式均较石漠化对照显著提高了土壤有机质、全氮、全磷、速效氮、速效磷和速效钾含量以及阳离子交换量，提升了土壤化学肥力；司彬等（2008）将黔中石漠化喀斯特的自然生态恢复演替过程分为草丛阶段、草灌阶段、藤刺灌阶段、次生乔林阶段和顶级群落阶段，并采用空间代替时间的方法研究不同阶段土壤理化性质的变化，结果表明在喀斯特生态恢复过程中，土壤从弱碱性趋向于弱酸性，土壤有机质、全氮、全磷和速效养分含量均呈逐渐上升趋势，其中土壤全氮、全磷、速效氮、速效钾含量在次生乔林阶段达到最大；杨小青和胡宝清（2009）以广西都安县澄江小流域为例，采用空间序列替代时间序列的方法，研究了石漠化喀斯特生态系统恢复演替过程中土壤性质的变化特征，结果表明生态恢复林地与石漠化样地相比，除了 pH 值外，其他各土壤化学肥力指标均有较大幅度提高，其中土壤有机质、全氮、全磷含量分别增加 230.0%、256.8% 和425.0%；在贵州南部的喀斯特岩溶地区，张平究和潘根兴（2011）就退化喀斯特样地和不同生态恢复模式下的土壤养分含量进行了对比研究，发现与退化样地相比，不同恢复模式下土壤养分含量均表现出不同程度的提高。

土壤微生物是有机质分解和养分循环的初级驱动者，在生态系统中占有极其重要的地位。作为土壤肥力和质量的重要生物指标，土壤微生物群落大小、活性和多样性等受到广泛关注，能够很好地指示外界环境条件和生态系统状况的变化。在植被恢复过程中，由于地上植被生物量和多样性的增加，凋落物和根系等地下资源输入增多，以及土壤孔性、湿度等环境条件的改善，所以土壤微生物群落大小、活性和多样性通常会明显增加。例如，杨小青和胡宝清（2009）以广西都安的澄江小流域为对象，采用空间序列替代时间序列的方法，研究了石漠化喀斯特生态恢复过程中土壤性质的演变特征，发现生态恢复林地与石漠化样地相比，土壤微生物总量和过氧化氢酶、蔗糖酶、脲酶、蛋白酶活性分别提高 640.1%、283.7%、147.3%、85.7% 和 119.9%，且与土壤有机质和养分指标间存在显著相关关系。魏媛等（2010）在贵州花江退化喀斯特生态治理示范区的研究发现，在退化喀斯特的生态植被恢复过程中，土壤细菌、真菌、放线菌的数量以及微生物总数呈逐渐上升趋势，表现为裸地阶段<草本阶段<灌木林阶段<乔木林阶段。邹军等（2010）在贵州花江典型喀斯特地区对不同植被演替阶段的土壤酶活性对比研究表明，土壤淀粉酶、脲酶和多酚氧化酶活性均表现为：乔木林阶段>灌木林阶段>草本阶段>裸地阶段，反映了土壤微生物功能随喀斯特生态恢复过程的逐渐提高。张平究和潘根兴（2010）在云南喀斯特土壤的研究结果表明，植被恢复较退化裸地相比，显著提高了微生物生物量及活性、细菌物种丰富度及其基因多样性；对贵州喀斯特系统的研究发现，土壤微生物生物量及酶活性能够很好地指示喀斯特生态系统的恢复。在贵州六盘水喀斯特地区，李翠莲和戴全厚（2012）研究了石漠化喀斯特退耕还林生态恢复过程中土壤酶活性的变化特征，结果表明较石漠化对照样地相比，各退耕还林生态恢复模式下土壤脲酶活性均有一定的提高，蔗糖酶活性均显著提高，且二者与土壤碱解氮含量之间有显著相关关系。唐政等（2014）在广西环江的研究发现，随着退化喀斯特人工林生态恢复年限的延长，土壤微生物生物量、基础呼吸和微生物熵显著提高，呼吸熵显著降低，反映了喀斯特生态恢复过程中，随着生境条件的改善以及胁迫作用的减少，土壤微生物群落功能得以恢复，微生物指标能够较早地指示喀斯特生态恢复。

土壤动物作为土壤生态系统的重要组成部分，在有机质分解、养分循环、改变土壤结构等物理性质、土壤形成发育等诸多方面起着重要作用（朱永恒等，2005；武海涛等，2006），通常对环境变化敏感（Xu et al.，2003）。所以，土壤动物在退化生态系统的恢复与重建中的重要性越来越受关注，日益成为近年来国内外学者的研究热点（吴东辉等，2004；吴东辉和胡克，2003；刘莉莉等，2005；易兰和由文辉，2006；刘新民和杨劼，2005）。在植被恢复过程中，由于地上植被生物量和多样性的增加，凋落物和根系等地下资源输入增多，微生物等低营养级食物资源的增多，以及土壤孔性、湿度等空间和生境条件的改善，土壤动物群落和多样性通常会表现为增加，动物群落组成发生相应的变化。例如，向昌国等（2007）对云南喀斯特地区的调查研究发现，土壤动物类群数、个体数和多样性均随植被恢复演替发生显著变化，得到不同程度的恢复，其中土壤动物个体密度能更好地指示喀斯特地上系统生态恢复。樊云龙等（2010）在贵州典型喀斯特地貌的研究中表明，不同植被恢复阶段的土壤动物数量和类群数均发生明显变化，表现为石漠化阶段<草地阶段<灌丛阶段<林地阶段；从石漠化样地到林地的演替过程中，土壤中小型动物的多样性逐渐增加。杨大星等（2013）对贵州喀斯特地区不同生态恢复方式和天然林地的土壤节肢动物进行了调查研究，结果表明自然恢复方式的土壤动物密度显著低于退耕还林方式以及天然林地，退耕还林的土壤节肢动物群落组成和天然林地相对更加接近，说明退耕还林方式对地下节肢动物的生态恢复更加有利。唐政等（2015）在广西环江的研究发现，土壤原生动物总数从石漠化样地的 $425×10^3$ 个·g^{-1}土，逐渐增加到 12 年人工林恢复样地的 $633×10^3$个·g^{-1}土，每年恢复速率为 $17.7×10^3$个·g^{-1}土；土壤原生动物的类群数从石漠化样地的 17 种显著增加到 12 年人工林恢复样地的 22 种；人工林恢复样地的土壤原生动物丰富度指数（3.10~3.30）显著高于石漠化样地（2.64），提高 19%~27%；土壤原生动物总数、类群数和丰富度指数均与土壤孔隙度、湿度、有机碳等土壤环境因子呈显著正相关关系；研究表明，土壤原生动物群落大小和多样性对喀斯特生态恢复的响应敏感，可以作为喀斯特生态恢复的指示生物。

第二章　土壤食物网研究现状与进展概况

第一节　土壤食物网概况

土壤食物网（Soil food web）是指土壤中各种生物功能群之间通过消费和被消费的相互作用而形成的食物网络（Bloem et al.，1997），其主要能量来源包括土壤中的碎屑（动物、植物、微生物残体及分泌物、次生代谢物等）和植物根系（Moore et al.，1990，2004；Moore & de Ruiter，1991；de Ruiter et al，2005），其中由碎屑所主导的分解通道部分也称为腐屑食物网（Detritus food web）。由于食物网中绝大多数土壤生物的生活史都在地下完成，所以土壤食物网通常也称作地下食物网（Belowground food web）。土壤食物网在生态系统三大服务（供给服务、支持服务和调节服务）中起着重要的作用，参与土壤有机质分解、矿质养分循环、污染物降解和土壤结构调节等诸多土壤生态过程（Ferris et al.，2001；Mulder et al.，2011）。

从1987年美国矮草草原土壤食物网的研究算起，土壤食物网的研究至今已有三十多年的历史。如表2.1所示，截至目前人们所研究的整体土壤食物网并不多。其中，美国科罗拉多州中部矮草草原土壤食物网（Hunt et al.，1987）、美国不同耕作措施农田土壤食物网（Hendrix et al.，1986）、瑞典不同氮肥管理措施农田土壤食物网（Andrén et al.，1990）、荷兰不同集约程度农业土壤食物网（de Ruiter et al.，1993）等开创性研究奠定了土壤食物网的理论基础（陈云峰，2008）。

表2.1　世界各地所报道的土壤食物网

土壤食物网	参考文献
美国矮草草原土壤食物网	Hunt et al.，1987；Moore & de Ruiter，2012

（续表）

土壤食物网	参考文献
荷兰不同集约程度农业土壤食物网	de Ruiter et al. , 1993; Moore & de Ruiter, 2012
美国不同耕作措施农田土壤食物网	de Ruiter et al. , 1993
瑞典不同氮肥管理措施农田土壤食物网	de Ruiter et al. , 1993
荷兰赤松林土壤食物网	Berg et al. , 2001
瑞典、德国和法国森林土壤食物网	Schröter et al. , 2003
英国高山草原土壤食物网	Irvine et al. , 2006
荷兰沙漠土壤食物网	Neutel et al. , 2007
荷兰休耕地土壤食物网	Holtkamp et al. , 2008, 2011
英格兰草原和农田土壤食物网	de Vries et al. , 2012a, 2012b
瑞典、英国、捷克、希腊草原及农田土壤食物网	de Vries et al. , 2013
中国设施菜田土壤食物网	Chen et al. , 2014

　　土壤食物网的特征解析通常在连通网、能流网和作用网三个层次上进行，其解析方法和研究内容各不相同（表 2.2）。其中，连通网的解析相对简单，其分析建立在连通图基础上。

表 2.2　土壤食物网结构和功能的解析（陈云峰等，2014a）

层次	解析方法	解析内容
连通网	连通图	■　功能群数目。功能群为具有相似食物源、取食方式、生活史策略和分布特征的土壤生物的集合，一般土壤食物网含 10~20 个功能群（Moore，1994） ■　连通度。现实链接数占理论链接数的比例称为连通度，一般食物网连通度为 0.2~0.3（Moore，1994） ■　营养级。功能群在食物网链中的位置称为营养级，一般土壤食物网不超过 6 个营养级（Moore，1994）时空动态。一般采用 Bray-Curtis 相似性系数描述土壤食物网时空动态（Berg et al. , 2001） ■　能量通道。细菌通道生物量、真菌通道生物量、根系通道生物量、F/B（真菌通道/细菌通道）、R/D（根系通道/碎屑通道）（de Vries et al. , 2013）
能流网	土壤食物网模型（能量模型）	■功能群之间的取食率（Bloem et al. , 1997） ■整个土壤食物网在碳分解、氮矿化/固持中的作用（Berg et al. , 2001；Schröter et al. , 2003；Holtkamp et al. , 2011） ■土壤食物网及各功能群对土壤碳分解的贡献（Berg et al. , 2001；Schröter et al. , 2003；Holtkamp et al. , 2011） ■细菌、真菌和植物能量通道的相对比例（Bloem et al. , 1997）

（续表）

层次	解析方法	解析内容
作用网	数量模型和能量模型相结合	■功能群之间的相互作用强度（某功能群对另一功能群影响的单位效应）。其分布呈现一定的格局而不是随机的，这种分布模式增强了系统的稳定性（Neutel et al.，2007；de Ruiter et al.，1995） ■自上而下/自下而上调节。在高营养级中呈现上行效应，在低营养级中呈现下行效应（de Ruiter et al.，1995） ■复杂性-稳定性关系（Moore & de Ruiter，2012）

连通图是以一种可视图形化的方式，来描述各个生物功能群之间的营养取食关系，图2.1就是一种典型的土壤食物网连通图。基于连通图，可计算土壤食物网的链长、连通度等结构参数。能量通道特征分析也建立在连通图基础上，只是结合了能流网中的取食率信息（de Vries et al.，2013）。例如，Moore（1994）综述了不同农业管理措施下几种农田土壤食物网的结构特征，可以看出农业管理措施显著改变了土壤食物网结构，使之倾向于以细菌分解通道为主；陈云峰和曹志平（2010）研究发现，甲基溴熏蒸处理对土壤微生物、原生动物、线虫及螨类均产生显著的抑制作用，降低了土壤食物网的功能群数目、连通度和食物链最大长度及平均长度，致使整个食物网的结构变得相对简单。需要提出的是，连通图仅仅是对土壤食物网的一种静态描述。对于食物网的时空动态分析，主要采用Bray-Curtis相似性系数来比较不同时空尺度下土壤食物网结构的相似性（Berg & Bengtsson，2007）。能流网的解析是土壤食物网功能分析的核心，主要建立在土壤食物网过程模型的基础上。模型计算以取食率为最终目标，取食率为特定时间内，某一功能群对另一功能群的取食量。通过分析取食率，可以进一步量化各个功能群的生物量和能量流动，从而获取土壤食物网的碳分解及氮矿化功能。模型假定了各功能群都处在平衡状态，即增长的生物量和死亡量相等，生物量保持恒定不变。尽管该假设遭到某些学者的质疑，但是运用该模型所解析的碳分解和氮矿化功能往往和实测的十分接近（de Ruiter et al.，1993；Moore & de Ruiter，2012）。例如，Bloem等（1997）在综述几个农田土壤食物网的氮矿化功能时指出，不同农业管理措施下土壤碳、氮矿化的差异明显，且各个功能群对土壤碳、氮矿化的贡献也差异较大；荷兰的常规农业系统下，对N矿化贡献最大的功能群为细菌，高达52%，而集约模式

下则以原生动物对氮矿化的贡献最大，为46%。作用网的解析更为复杂，其核心是分析功能群间的相互作用强度。概括起来，就是将土壤食物网的功能群生物量、Lotka-Volterra模型和过程模型三者结合起来，分析相互作用的大小和格局，将Lotka-Volterra模型和群落矩阵结合起来分析食物网的局域稳定性，进而研究复杂性-稳定性关系的一般问题。例如，de Ruiter等（1998）通过对比土壤食物网的逼真矩阵，发现不同农业管理措施下土壤食物网的稳定性顺序为：常规农田<施氮肥、集约化农田<免耕、不施氮肥<常规耕作。我国关于整体土壤食物网的研究相对薄弱，起步较晚。相关研究主要集中在某类土壤动物的单独研究水平上，而将各个土壤生物类群作为整体的食物网研究则很少见。近年来，仅可见陈云峰等人的零星报道（陈云峰，2008；陈云峰和曹志平，2008，2010；陈云峰等，2011，2014a；Chen et al.，2014），例如其所在团队通过对比研究发现，设施菜田土壤食物网结构比集约化程度低的农田土壤食物网结构更简单。

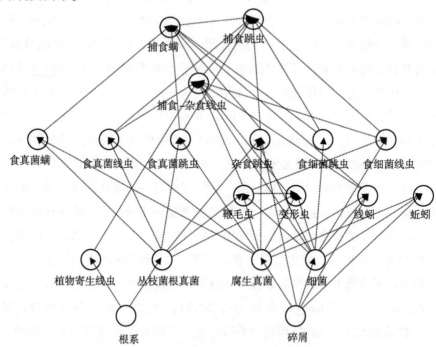

图2.1　土壤食物网结构图（de Vries et al.，2013）

第二节　土壤微食物网研究进展

对于土壤整体食物网的结构和功能分析通常存在很大困难，例如，在连通网分析中，各类功能群的划分、取食关系存在较多模糊不清的地方；能流网分析中，能量模型的一些参数尚不确定，有待进一步的验证。更为重要的是，整体土壤食物网分析需要对整个土壤食物网中的各功能类群进行划分、计数，其工作量较大，而且数学模型的分析过程十分复杂（陈云峰等，2014b）。由"微生物-原生动物-线虫"构成的土壤微食物网（图2.2）直接参与和间接调控土壤有机质分解和养分循环（Li et al.，2012），是土壤生态系统的重要组成部分。

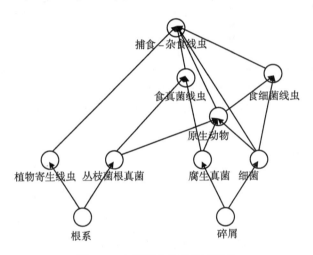

图 2.2　土壤线虫微食物网结构

线虫作为土壤中数量最丰富的后生动物，普遍存在于各类土壤中，包含了较高的生物多样性信息，包括物种多样性、营养多样性、生活史策略多样性以及功能团多样性（表2.3），并在土壤食物网中占据着多个营养级和各类能量通道（细菌、真菌、植物通道，图2.2），处于食物网的中心位置（李玉娟等，2005；邵元虎和傅声雷，2007）；线虫易于分离提取和分类鉴定，方法成熟，其群落组成承载着丰富的内禀信息（Bongers & Ferris，1999）。所有这些特点，奠定了线虫作为土壤食物网结构和功能指示生物的生态学基础（Neher，2001）。所以，以线虫为核心的土壤微食物网研究近年来受到了广泛的青睐，

并逐渐成为当今土壤生态学的研究热点（Li et al.，2012）

表2.3 土壤线虫多样性（陈云峰等，2014a）

分类 (Andrássy, 1992)	取食习性 (Yeates et al., 1993)	生活史策略 (Bongers, 1990)	功能团 (Bongers & Bongers, 1998)
777 属 5600 种	■食细菌（Ba） ■食真菌（Fu） ■植食性（Pp） ■杂食性（Om） ■捕食性（Ca）	■c-p 1：世代周期短，产卵量很大，代谢快，耐环境胁迫，为典型机会主义者，在外界营养富集的条件下能够快速增长 ■c-p 2：世代周期短，产卵量大，较耐环境胁迫，为一般机会主义者 ■c-p 3：世代周期较长，对环境胁迫较为敏感 ■c-p 4：世代周期长，对环境胁迫敏感 ■c-p 5：世代周期很长，产卵量小，对环境胁迫特别敏感	■基础组分：由 Ba_2 和 Fu_2 组成，在大部分食物网中均存在 ■富集组分：由对外界养分投入反应敏感的 Ba_1 和 Fu_2 线虫组成 ■结构组分：对外界干扰较敏感的各类线虫，包括 Ba_3—Ba_5，Fu_3—Fu_5，Om_3—Om_5，Ca_2—Ca_5 等功能团

注：Ba. Bacterivores；Fu. Fungivores；Pp. Plant‐parasite；Om. Omnivores；Ca. Carnivores；c‐p. colonizer‐persister 殖民者-居住者；Ba_1—Ba_5、Fu_2—Fu_5、Om_3—Om_5、Ca_2—Ca_5 中下标代表 c‐p 值

一、土壤线虫

回顾整个研究进程，土壤线虫食物网的群落分析先后大致经历了物种分析、生活史策略分析、功能团分析和代谢足迹分析四个时期（图2.3），并相继发展了一系列土壤线虫生态指数（Bongers，1990；Ferris et al.，2001；Ferris，2010），其中后两个分析（功能团分析和代谢足迹分析）主要用于表征土壤食物网结构和功能。物种分析以个体形态学分类为基础，描述线虫科、属群落组成，通常采用物种丰富度指数（*SR*）、均匀度指数（*J'*）、多样性指数（*H'*）等通用指数来表征其多样性（图2.3）。荷兰线虫生态学家 Bongers 依据线虫的生活史对策，将各科线虫划分为殖民者（Colonizer）、居住者（Persister）及中间过渡类型者，并为每科线虫赋予特定的 c‐p（Colonizer-persister）值（表2.3），于是开创性地提出了线虫成熟度指数（*MI*）（Bongers，1990），这是线虫群落分析发展史上的一个里程碑。随后，Bongers 和其他学者又相继提出了各类形式的 *MI* 指数，如植物寄生线虫成熟度指数（*PPI*）（Bongers，1990）、c‐p 值为 2~5 的自

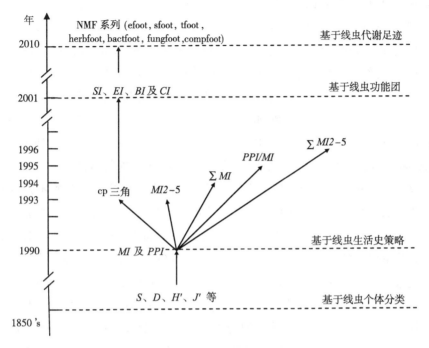

图 2.3 线虫群落分析研究进展

（*S*. 物种丰富度指数；*D*. 优势度指数；*H'*. 香农多样性指数；*J'*. 均匀度指数；c-p. 殖民者-居住者；*MI*. 自由生活线虫成熟度指数；*MI2-5*. c-p 值 2~5 的自由生活线虫成熟度指数；*PPI*. 植物寄生线虫成熟度指数；Σ*MI*. 所有线虫成熟度指数；Σ*MI2-5*. 所有 c-p 值 2~5 的线虫成熟度指数；*SI*. 结构指数；*EI*. 富集指数；*BI*. 基础指数；*CI*. 通道指数；*NMF*. 线虫代谢足迹；efoot. 富集足迹；sfoot. 结构足迹；tfoot. 功能足迹；herbfoot. 植物足迹；bactfoot. 细菌足迹；fungfoot. 真菌足迹；compfoot. 复合足迹）（陈云峰等，2014a）

由生活线虫成熟指数（*MI2-5*）（Bongers & korthals，1993）、c-p 三角（de Goede et al.，1993）、所有线虫成熟指数（Σ*MI*）（Yeates，1994；Wasilewska，1994）、*PPI/MI*（Bongers & korthals，1995）、所有 c-p 值为 2~5 的线虫成熟指数（Σ*MI2-5*）（Neher & Campbell，1996）等，形成 *MI* 指数系列（图 2.3）。*MI* 指数系列为线虫群落的加权 c-p 值，能够很好地反映生态系统的演替及恢复过程（Ferris et al.，2012a）。Bongers 和 Bongers（1998）在 1998 年提出线虫团（Guild）的概念，之后由 Ferris 在 2001 年进一步引申为功能团（Ferris et al.，2001）。线虫功能团综合了生活史策略和营养类群两方面信息，相同功能

团的线虫对食物网的营养富集、环境胁迫及外界干扰有类似的反应。在功能团的基础上，Ferris 将线虫划分为基础组分（Basal component，b，包括c-p值为2的食细菌和食真菌线虫）、富集组分（Enrichment component，e，包括 c-p 值为1 的食细菌线虫和 c-p 值为 2 的食真菌线虫）和结构组分（Structural component，s，包括 c-p 值为 3~5 的食细菌、食真菌和捕食-杂食性线虫），进而提出一系列的生态指数如基础指数（Basal index，BI）、富集指数（Enrichment index，EI）、结构指数（Structure index，SI）和通道指数（Channel index，CI）等（图 2.3），以反映土壤腐屑食物网的养分富集状况、结构复杂程度和分解路径。基于物种分析、生活史策略分析、功能团分析的各项生态指数都是建立在各线虫类群相对比例的基础上，而没有考虑土壤线虫的绝对量。例如，CI 指示土壤腐屑食物网以细菌分解路径为主，但却不能反映进入细菌分解路径的碳比真菌分解路径中的高多少。鉴于此，Ferris 引入了线虫代谢足迹（Nematode metabolic footprint，NMF）的概念（Ferris，2010），以线虫生物量碳和呼吸碳来衡量线虫碳足迹，进而反映土壤食物网的功能大小。线虫食物网代谢足迹可涉及一个系列碳足迹，包括细菌通道足迹、真菌通道足迹、植物通道足迹、复合足迹、富集足迹、结构足迹、功能足迹等，从而反映了土壤食物网的各种碳流和能量通道的分配情况，并可以评价线虫各类群对食物网服务功能的贡献（Crotty et al.，2011；Ferris et al.，2012b；Zhang et al.，2015）。

土壤线虫群落受到植物根系、土壤微生物、有机质、孔性、湿度等诸多食物（底物）资源和环境条件的影响。作为寄主，植物活体根系直接影响植物寄生线虫（Yeates，1999）。植物根系残体和土壤有机质是微生物的重要底物资源，直接影响微生物群落结构和功能，而作为食微线虫的主要食物资源，微生物群落则直接对食微线虫群落产生影响（Villenave et al.，2004；Jiang et al.，2013），低营养级的食微线虫进一步影响高营养级的捕食-杂食线虫（Jonsson & Wardle，2010；Crotty et al.，2011；Zhang et al，2012）。在压实条件下，土壤较大孔隙的减少会导致较大体型线虫的消失（Ritz & Trudgill，1999），体型较大的线虫如捕食-杂食类线虫由于体径较大，在较小孔隙中的移动较差，所以通常会受孔隙空间的限制，对较大孔隙的依赖性强（Hassink et al.，1993；Fujimoto et al.，2010；Briar et al.，2011）。土壤线虫由于主要在土壤孔隙间的水膜中运动，所以受到土壤湿度的影响（李琪等，2007；Briar et al.，2012；Hodson et al.，2014）。其中，"底物-微生物-线虫"的土壤食物网"上行效应"（Bottom-up effect）在生态系统中普遍存在。

线虫与微生物之间是相互作用的，微生物作为食物资源直接影响线虫，而线虫各类群又通过取食或竞争调控微生物的数量、活性及结构（Djigal et al.，2004；李辉信等，2004；Blanc et al.，2006；吴纪华等，2007；Xiao et al.，2010；Rønn et al.，2012；Wall et al.，2012）。线虫的取食调控常常对微生物的生长表现为抑制或促进作用，这与它们之间的相互作用程度有关；而且越来越多的证据显示当线虫和微生物的相互作用程度适中时（即中等的线虫取食强度），最有利于促进细菌和真菌的生长（Fu et al.，2005；李琪等，2007；Briar et al.，2007），例如陈小云等（2004）研究发现，接种线虫分别使土壤微生物C、N、P提高了26.4%、32.9%、21.8%。土壤线虫取食调控微生物活动的这种食物网下行效应（top-down effect）必然影响土壤有机碳的分解和养分循环（Buchan et al.，2012，2013）。例如，Pradhan等（1988）报道，线虫使热带土壤有机碳及凋落物的分解速率提高25%~30%；李辉信等（2004）通过微系统悉生培养试验研究发现，食真菌线虫对真菌的取食活动促进了真菌的繁殖，显著提高了土壤铵态氮含量，加速了氮素的矿化；毛小芳等（2005）采用相同方法研究表明，在不同食细菌线虫的取食强度下，线虫对细菌的取食促进了细菌的繁殖和酶活性，并显著提高了土壤碳分解和矿质氮含量。Gebremikael等（2014）运用先进的γ辐射技术，在选择性杀灭无植物土壤线虫后，接种原土提取的完整线虫群落，研究发现土壤线虫群落使土壤矿质氮含量显著提高32%。总的来说，在中等取食强度下，土壤线虫和微生物的相互作用会促进土壤碳、氮的分解矿化。可见，线虫食物网的"下行效应"（Top-down effect）已经引起人们的重视。

土壤线虫群落分析已经在指示土壤环境污染（Bongers & Ferris，1999；Korthals et al.，2000；Georgieva et al.，2002；Chen et al.，2003；Yeates et al.，2003a，2003b；Nagy et al.，2004；Shukurov et al.，2005；Gyedu-Ababio & Baird，2006），评价施肥、耕作等农业管理措施的影响（Liang et al.，2009；Ferris，2010；Li et al.，2010；王雪峰等，2011；Zhang et al.，2012；娄翼来等，2013；Zhang et al.，2015），反映全球变化（Li et al.，2012）和生态系统恢复

演替（Ferris, 2010；Zhang et al., 2015；）等诸多领域得到了广泛的应用，有效地提供了土壤环境状况、关键生态过程和食物网结构及功能等相关信息，帮助人们很好地认识地下生态系统的变化。Nagy 等（2004）研究表明：当土壤 Se 的浓度增加到 90mg·kg^{-1} 及 270mg·kg^{-1} 时，线虫的数量和丰富度均显著降低；随着土壤 Se、Cr 污染程度的增加，线虫成熟度指数（MI）显著降低；结构指数（SI）随着土壤 Cr、Se 污染程度的增加而显著降低，但随着 Cd 污染程度的增加却有所提高；土壤 Cr、Se 污染导致最敏感的捕食-杂食性线虫的相对丰度显著降低，Zn 污染则使得该类群线虫比例略微降低，而 Cd 污染却能增加该类群线虫的比例。Zhang 等（2012）研究发现小麦秸秆覆盖提高了土壤线虫富集足迹、结构足迹和功能足迹；随着秸秆施用量的增加，土壤线虫的物种丰富度、香农多样性指数、线虫通路比值和富集指数均显著升高，而优势度指数、基础指数和通道指数则显著降低，说明秸秆还田改善了土壤线虫食物网的结构和功能，改变了食物网分解通道。Ferris 等（2012b）研究发现，施用堆肥及绿肥能显著提高土壤线虫富集足迹、结构足迹、功能足迹及植物、细菌和真菌通道足迹，说明有机培肥通过增加底物资源输入而促进了线虫食物网的生态服务功能。Zhang 等（2015）研究了不同耕作和作物轮作方式下土壤线虫群落结构、组成及其代谢足迹，其结果表明，食真菌线虫丰度对耕作方式有显著响应，在常规耕作系统中的丰度较高；在免耕试验地中，玉米-大豆轮作土壤以细菌为主的分解途径占主导地位，耕作和轮作的相互作用影响着线虫的分解通道；玉米连作土壤线虫功能代谢足迹高于玉米-大豆轮作，食真菌线虫的代谢足迹是进入土壤食物网较大的资源流。人们在研究臭氧浓度升高对土壤微食物网结构的影响时发现，真菌磷脂脂肪酸和真菌：细菌比例随着臭氧浓度的升高而下降，在臭氧耐受型品种小麦的根际土壤中尤为明显；线虫功能团对臭氧浓度升高和小麦品种效应很敏感；在小麦拔节期，K-策略食细菌线虫随着臭氧浓度的升高而降低，而食真菌线虫则表现出相反的变化趋势；臭氧耐受型小麦土壤鞭毛虫的丰度随着臭氧浓度升高呈下降趋势，但臭氧敏感型小麦土壤鞭毛虫则表现出相反的响应；土壤微食物网对臭氧浓度升高的响应受小麦品种的影响（Li et al., 2012）。Ferris 在验证线虫代谢足迹时发现，沙漠植被生态恢复样地的土壤线虫功能代谢足迹相对较高（Ferris, 2010）。Guan 等（2015）研究了小叶锦鸡儿生态恢复下沙漠土壤线虫微食物网，结果表明，总的线虫数量、食细菌线虫数量、捕食-杂食线虫数量受植被恢复年限影响显著，在29年植被恢复下达到最高；小叶锦鸡儿植被恢复对土壤理化性质和线虫群落的影响受时间尺度的影响：土壤理化性质从植被恢复18年时才发生显著的变化，而土壤线虫数量则从植被恢复13年时就开始显著上升；沙漠植被恢复显著提升了土壤线虫多样性，土壤线虫群落结构可以作为反映沙漠生态系统恢复过程的生物指标。

二、土壤原生动物

土壤原生动物泛指在土壤或土壤表面凋落物中生活的原生动物，是除了细菌和真菌之外的第三大土壤生物区系。土壤原生动物种类繁多，生物量巨大，据统计，在1g肥沃土壤中，原生动物可多达100万个。常见的土壤原生动物主要分为4类：纤毛虫类、异养鞭毛虫类、裸肉足虫类和有壳肉足虫类。已有较详细描述的土壤原生动物包括400种纤毛虫、260种鞭毛虫、200种有壳肉足虫及60种裸肉足虫（廖庆玉等，2009）。土壤原生动物在土壤生态系统的物质循环和能量转换以及提高微生物、植物和动物的活力方面起着至关重要的作用，可以分泌植物生长的调节剂而促进作物生长，可用于生物防治捕食植物病原菌，也可以作为监测土壤变化的生物指标（艾山·阿布都热依木等，2010）。

自Ehrenberg1839年首次发现土壤原生动物到现在，相关研究已有近180年的历史。之前，国际上研究较多的是土壤原生动物分类区系、种类、生活习性、分布特征和生态功能等基础性研究。国内也主要集中在土壤原生动物生态功能、区系特征和物种分布等方面的研究（宋雪英等，2004）。国内对土壤原生动物的研究较晚，系统性的研究更是少之又少。1983年，崔振东对长白山针阔混交林带土壤原生动物的群落生态进行了研究，由此拉开了中国土壤原生动物系统研究的序幕。在此之后，尹文英等对衡山、天目山和珞珈山亚热带森林土壤原生动物区系及生态进行了研究。宋微波在1994年对青岛地区的土壤原生动物长颈虫属进行了研究，宁应之研究了中国典型地带土壤原生动物，徐润林等研究了大鹏半岛的土壤原生动物群落，冯伟松等对南极菲尔德斯半岛地区土壤原生动物的生态学进行了研究，陈素芳对有关除草剂对土壤原生动物的影响进行了相关研究（廖庆玉等，2009）。

原生动物作为指示生物的优点在于：原生动物作为土壤生态系统中的重要组

成部分，拥有巨大而稳定的生产力；原生动物具有精巧纤薄的细胞膜，没有保护性细胞壁，此种情况可以使这种单细胞生物直接暴露在水膜中，与周围环境或污染物相接触；原生动物个体比较微小，种类众多，生活周期只有几个小时，比其他任意一种真核生物监测系统更迅速，因此可作为快速监测早期预警系统的生物学指标；原生动物的生理特征和细胞结构与高等动物体相类似，而与原核生物比较，它们对环境的反应更具有说服力；原生动物的种类遍布全球，其形态、生态和遗传等方面都比较相似，因此，一些原生动物作为指示生物可在全球范围内应用，这为比较不同地区的实验结果提供了可能；原生动物可在极端环境条件下生存，这对研究极端环境具有重要实践意义（宋雪英等，2004）。

土壤原生动物作为指示生物，与其他土壤动物相比更具有独特的优势。通过对它们的群落结构、数量及多样性动态变化进行研究，可以很好地评价和监测自然环境变化及人类活动带来的环境污染（宋雪英等，2004）。因为原生动物结构简单，生命周期较短，对污染反应比较迅速，土壤环境的突然变化能及时从原生动物群落的变化上反映出来。因此在监测评价土壤环境的突然变化以及土壤长期内的连续变化上，原生动物是理想的不可替代的监测生物（廖庆玉等，2009）。土壤生态系统基本上是建立在死亡有机物所储存的能量及营养基础上的。细菌及真菌等分解者利用这些能量与营养转化为自身生物量，而小型动物、土壤原生动物及线虫等又通过摄食这些分解者而获取营养。目前为止，已有多个土壤食物链结构的模型指出，土壤原生动物可被更高营养级（例如捕食性的线虫及小的节肢动物等）捕食。土壤原生动物在食物链中起着至关重要的作用：它们是细菌的重要捕食者，又被杂食性及肉食性的线虫所捕食；一些小型鞭毛虫及肉足虫也可被一些大型肉足虫及纤毛虫捕食。土壤原生动物还可捕食一些多细胞动物无法获取的细菌。因此，土壤原生动物在细菌与更高营养级之间起着非常关键的链接作用（艾山·阿布都热依木等，2010）。近年来，国际上对土壤原生动物的研究已趋向微环境，土壤原生动物对环境变化的指示作用研究成为当今热门课题之一。目前，可以用于环境指示的原生动物种类很少，只有纤毛虫和有壳变形虫。这是由于土壤原生动物分类学研究相对滞后以及方法欠缺所致。因此，如何有效地开发利用这一生物资源，使其能够成为敏感环境污染指示生物还必须进行大量深入的研究。随着土壤污染生态毒理学的发展，土壤原生动物在陆地生态系统污染诊断中的重要性被进一步得到认识，方法和技术也得到进一步的完善，土壤原生动物在环境监测和生态毒理诊断研究中必将发挥更大的作用（宋雪英等，2004）。

三、土壤微生物

土壤中的微生物不仅种类繁多，而且数量非常惊人。由于土壤中微生物数量庞大，作用复杂，在土壤生态系统的研究中占据着重要的地位（武春燕和高雪峰，2008）。不同类型的土壤由于其有机质含量、酸碱度、水分及土壤母质的不同，其中的微生物种类和数量也存在较大区别，通过土壤微生物的代谢活动，可以促进土壤的形成和发育，改变土壤的理化性质，进行氮、磷、钾等物质和能量的转化，因此，土壤微生物是构成土壤肥力的重要因素（吴建峰和林先贵，2003）。土壤微生物是土壤有机碳（C）和土壤养分（N、P等）转化和循环的主要推动力，并在土壤酶的作用下通过其代谢活动可改变土壤的理化性质，促进物质转化，因此在土壤生态系统中起着非常重要的作用（武春燕和高雪峰，2008）。

最近几年，由于农业、生态和土壤基础研究的需要，对土壤微生物参数的研究和监测比较多。往往微生物的研究大都在过程层次和生物量层次上进行。过程层次包括土壤微生物的总活性，尤其是针对呼吸的研究。生物量层次没有把具体结构考虑在内，而是把整个微生物群落看成微生物单一的量，它的总量用微生物细胞固持来表达。在无外部因素干扰（例如有机物质投入）的情况下，土壤微生物量只能说明土壤微生物在量上的差异，并不能反映微生物的活性、结构和功能。微生物量的测定很少表明群落层次上的变化，在描述特殊的微生物生态系统方面是有局限性的，而且也不能表明微生物的活性。传统意义上说，土壤微生物及它对环境变化的反应是在过程层次上进行研究，也可以说是从微生物数目、总呼吸率和酶活性方面进行研究，很少有研究放在群落层次或生物体结构的多维层次上。因此，把三者结合起来综合研究才能对微生物群落的整体变化做出全面的综合评价。

在微生物学中，多样性是用来描述微生物的质量变化（魏媛，2008）。土壤微生物多样性是一门近年来在土壤学、微生物学及生物多样性领域均受到很多关注的新兴交叉学科（林先贵和胡君利，2008）。微生物多样性除了受捕食与被捕食的相互作用外，还受许多因素（如干扰和胁迫）的影响。土壤的干扰和土壤有机质的损耗与土壤微生物多样性的减少有密切联系（Stewart & Hawksworth，1991）。因此，微生物群落组成或活性发生改变，对生态系统的稳定性和发育有着非常重要的影响。大量的研究可以表明植物的生物多样性和物种组成决定陆地生态系统的运行，但是，生态系统的正常运行是植物、土壤及微生物三者共同作用的结果。因而，地下微生物的多样性也是维持植物生物多样性和生态系统运行的一个至关重要的因素。土壤微生物群落的结构和功能与地上植物组成紧密相关，因而为陆地生态系统地上和地下的变化提供了一个重要的联系。磷脂脂肪酸（PLFA）是所有微生物活体细胞膜的重要组分，其在细胞死亡以后，能够迅速降解，磷脂脂肪酸含量与微生物生物量之间存在相对稳定的比例关系（Vestal & White，1989），这成为用 PLFA 来表征微生物生物量而进行定量分析的重要理论基础。此外，不同种类的微生物通过不同的生化代谢途径而形成的 PLFA 组成存在特征性差异（王曙光和侯彦林，2004），特征 PLFA 在同一类群微生物中的相对含量较高，而在其他类群中的含量极少或者不存在，故常被视为生物标志物用来标示特定的微生物类群（Zelles，1999）。微生物的 PLFA 成分种类多样，通过质谱分析能够提供强大的识别潜能（Janse，2001）。因此，微生物磷脂脂肪酸分析技术已被广泛用来评价微生物群落结构和多样性。

总而言之，土壤微生物活性及群落结构、多样性对环境变化的响应十分敏感，在生态恢复和植被演替过程中发挥重要的指示作用。例如，Ohtonen 等（1999）研究冰层后移后植被初生演替过程中，生态系统特征和微生物群落发生变化，结果显示在无植被的土壤中，随着演替时间的不断延长，微生物量提高。Schipper 等（2001）在研究了 5 个植物演替系列微生物异质多样性的变化后得出结论，4 个初生演替中异质性均匀度在未发育的土壤中较低，当植被建立后，均匀度快速提高，但演替时间更持久时，均匀度却随之下降。有研究结果显示，尽管维持微生物群落的有机质资源在演替后期更大，但是微生物量和酶活性与演替后期的灌木存在负相关，而与演替早期的草本成正相关（魏媛，2008）。

第三章　喀斯特生态恢复土壤微食物网试验简介

第一节　研究目的及意义

石漠化问题是我国西南喀斯特地区最为严重的生态环境问题之一，极易引发洪水、泥石流、山体滑坡等自然灾害，对生态、地质安全构成极大威胁。关于喀斯特生态恢复的土壤学过程，人们已经开展了大量的研究工作，并取得了良好的研究成果。然而，以往的研究主要集中在土壤理化性质和微生物生态过程方面，而对于土壤动物特别是线虫的研究相对薄弱，对于喀斯特生态恢复过程中土壤微食物网（微生物–原生动物–线虫）的演变特征认识不足。土壤微食物网是当今土壤生态学的研究热点之一，它与地上植被的恢复演变关系密切。作为生态系统的重要组成部分，土壤微食物网在喀斯特生态恢复过程中发生如何变化，其机制如何，对于深入了解喀斯特系统的生态恢复过程及机理至关重要，亦可为退化喀斯特的环境治理和生态恢复评价提供科学依据。

广西西北部环江毛南族自治县拥有典型的喀斯特景观地貌，在喀斯特生态恢复研究方面有着很好的代表性。长期以来，由于强烈的不合理开垦等人类活动干扰，该地区的土壤侵蚀和石漠化问题十分严重，以致于存在大面积的废弃裸地。自 20 世纪 90 年代以来，陆续采取了退耕还林还草等生态恢复重建措施进行喀斯特环境治理，其中香椿树种植是常见的人工林生态恢复措施之一。近年来，课题组相关人员在该地区已经开展了一些相关研究工作，并取得了一定的成果，形成了一定的工作积累和良好的研究基础。

本书以广西环江典型喀斯特系统为代表，采用空间序列代替时间序列的方法，选取相对邻近的裸地（石漠化对照样地）和系列年限（2 年、4 年、8 年、16 年）香椿树人工林生态恢复样地，通过系统和深入的研究，旨在揭示退化喀斯特生态恢复过程中：土壤微生物群落大小、活性、多样性、生理生态、化学计量和结构（真菌：细菌比例）等方面的演变特征，土壤原生动物群落组成、大小和多样性的演变特征，以及土壤线虫群落组成、多样性、代谢足迹和结构等方面的演变特征；并运用典型对应分析-方差分解分析（CCA-VPA）和结构方程模型等统计分析方法，结合地上植被、地下资源输入和土壤关键理化性质的相关关系分析，阐明土壤微食物网的演变机制和主要驱动因子。这不仅有助于更好地认识退化喀斯特的生态恢复过程及机理，而且可以为退化喀斯特的环境治理及生态恢复评价提供一定的理论参考，对于保障喀斯特地区的生态、地质安全具有重要意义。

第二节　研究内容

本研究通过野外实地取样和实验室测定分析，旨在开展退化喀斯特人工林生态恢复过程中土壤微食物网演变特征及机制的研究，其主要研究内容包括以下四个方面。

一、土壤关键理化性质的变化

基于石漠化对照样地和系列年限人工林恢复样地，通过野外实地取样和实验室测定分析，研究土壤团聚体、湿度、孔隙度、有机碳、全氮和速效氮等基本理化性质在退化喀斯特人工林生态恢复过程中的变化规律，探讨土壤物理环境和化学肥力的演变特征及机制。

二、土壤微生物群落演变特征及机制

基于石漠化对照样地和系列年限人工林恢复样地，通过野外实地取样，通过实验室常规化学分析方法，研究土壤微生物生物量碳、氮及碳：氮比、基础呼吸、微生物熵及呼吸熵在退化喀斯特人工林生态恢复过程中的变化规律；研究土壤酶活性、酶效率和特征酶活比的变化规律；通过磷脂脂肪酸（PLFA）技术，研究土壤微生物生物量（基于 PLFA）、群落组成、多样性和结构（真菌：细菌比例）的变化规律。分析退化喀斯特人工林生态恢复过程中，土壤微生物群落大小、活性、多样性、生理生态、化学计量以及腐屑食物网分解通道等方面的演变特征。运用典型对应分析-方差分解分析（CCA-VPA）等统计分析方法，结合底物资源（根系、土壤有机碳等）和土壤环境条件（湿度、孔隙度等）的相关关系分析，探讨土壤微生物群落的演变机制和主要驱动因子。

三、土壤原生动物群落演变特征及机制

基于石漠化对照样地和系列年限人工林恢复样地，通过野外实地取样和实验室测定分析，研究退化喀斯特人工林生态恢复过程中，土壤原生动物群落组成、大小和多样性的演变特征。运用 CCA-VPA 等统计分析方法，结合食物、底物资源（根系、土壤有机碳、微生物等）和土壤环境条件（湿度、孔隙度等）的相关关系分析，探讨土壤原生动物群落的演变机制和主要驱动因子。

四、土壤线虫群落演变特征及机制

基于石漠化对照样地和系列年限人工林恢复样地，通过野外实地取样和实验室测定分析，研究退化喀斯特人工林生态恢复过程中，土壤线虫群落结构、多样性、生活史特征、功能团特征和代谢足迹的演变特征；通过线虫通路比值（NCR）等生态指数的分析，研究土壤腐屑食物网分解通道的变化特征。运用 CCA-VPA 等统计分析方法，结合食物、底物资源（根系、土壤有机碳、微生物、原生动物等）和土壤环境条件（湿度、孔隙度等）的相关关系分析，探讨土壤线虫群落的演变机制和主要驱动因子。通过结构方程模型的定量分析，揭示"上行效应"（Bottom-up effect）作为土壤微食物网演变的重要驱动力。

第三节　研究方法

以广西环江典型喀斯特系统为例，采用空间序列代替时间序列的方法，选取相对邻近的裸地（石漠化对照样地）和系列年限香椿树人工林生态恢复样地，之后采取"野外实地取样→实验室测定分析→数据整理→分析讨论"的技术路线，开展退化喀斯特人工林生态恢复过程中土壤微食物网演变特征及机制研究。

一、研究地点

研究地点位于广西西北部环江毛南族自治县，拥有典型的喀斯特景观地貌，属中亚热带南缘季风气候，年均气温 19.9 ℃，年均降水 1389mm，土壤类型有红壤、黄红壤、黄壤、棕色石灰土和黑色石灰土。由于长期强烈的不合理开垦等人类活动干扰，该地区的土壤侵蚀和石漠化问题十分严重，以致于存在大面积的废弃裸地。自 20 世纪 90 年代以来，陆续采取了退耕还林还草等生态恢复重建措施进行喀斯特环境治理，其中香椿树种植是常见的人工林生态恢复措施之一。

二、试验样地

在保持土壤类型相同（碳酸岩发育的棕色石灰土），控制海拔（412~465m）、坡度（6°~9°）和利用历史（恢复前为长期耕作导致的退化裸地）等背景条件基本一致的前提下，采用空间序列代替时间序列的方法，选取相对邻近的裸地（石漠化对照样地）和恢复年限分别为 2 年、4 年、8 年和 16 年的香椿树人工林样地（香椿种植密度为 7m×5m）。2 年、4 年、8 年和 16 年样地。经调查，植被的物种多样性和盖度随恢复年限呈逐渐增加的趋势（表 3.1）。地下食物网的资源输入主要来自植物根系的周转（包括灌木、乔木的细根和草本根系）。经测定，根系生物量（0~10cm 深）随恢复年限显著增加（表 3.1）；不同样地间根系化学性质存在显著差异：随着人工林年限的延长，总的来说木质素含量和 C/N 趋于增加，而 N 含量趋于降低（表 3.1）。样地控制面积为 100m×100m。在每个样地内，随机选取 4 个样方（40m×40m）作为重复。

表 3.1　地上植被和地下（0~10cm）资源输入情况（平均数±标准差，$n=4$）

指标	0 年	2 年	4 年	8 年	16 年
地上植被					
物种数量（100·m⁻²）	3.62±0.25e	7.14±0.55d	12.41±1.02c	18.55±1.46b	22.25±1.79a
盖度（%）	5.12±0.35d	19.12±2.44c	34.66±2.12b	37.51±3.12b	46.31±3.75a

（续表）

指标	0 年	2 年	4 年	8 年	16 年
地下资源输入					
根系生物量（g·m^{-2}）	41.47±5.17d	167.54±19.11c	291.1±28.2b	328.2±29.4b	416.1±27.2a
C 含量（%）	40.21±3.12a	42.65±4.11a	41.22±2.97a	44.31±4.12a	41.15±3.01a
N 含量（%）	1.42±0.12a	1.23±0.11ab	1.04±0.09b	0.86±0.04c	0.82±0.05c
C/N	28.32±2.51c	34.67±2.76b	39.63±2.77b	51.52±4.81a	50.18±4.64a
纤维素含量（%）	26.72±1.58a	25.12±2.14a	26.19±2.23a	24.92±2.19a	27.82±2.46a
木质素含量（%）	12.41±1.21d	16.77±1.42c	21.56±1.74b	22.22±1.88b	29.47±2.14a

注：不同字母表示处理间差异显著（$P<0.05$）

第四章 喀斯特生态恢复土壤关键理化性质的变化

土壤团聚体、孔隙度和湿度作为重要的土壤物理性质，直接影响植物根系的伸展和整个生态系统生产力；土壤有机碳、氮素养分状况和酸碱度则是衡量土壤化学肥力的重要指标。喀斯特生态植被恢复过程往往伴随着地下土壤物理化学肥力的恢复，土壤团聚体稳定性、孔隙度、湿度通常随之提高，土壤有机碳和养分含量通常随之增加。这些关键土壤理化性质作为底物（食物）资源和环境条件，可能直接或间接的影响调控土壤生物群落及整个土壤食物网。所以，本研究以广西环江典型喀斯特系统为代表，采用空间序列代替时间序列的方法，选取相对邻近的裸地（石漠化对照样地）和系列年限香椿树人工林生态恢复样地，通过野外实地取样和实验室测定分析，研究了退化喀斯特人工林生态恢复过程中土壤团聚体、孔隙度、湿度、有机碳、氮等关键基本理化性质的变化特征。

第一节 材料与方法

一、供试土壤

在研究样地的每个样方内，于2014年7月去除地表凋落物和腐殖质层后，采用土铲、土钻、剖面刀等工具，通过"S"形多点（8~10个点）混合取样法采取表层（0~10cm）土壤样品。剔除可见的石头、动植物残体等物质后，部分新鲜样品用于土壤湿度和速效氮［铵态氮和硝态氮（过2mm筛）］分析，其余样品风干过筛后用于总有机碳（TOC）、全氮（TN）（0.15mm筛）和pH值（2mm筛）分析。另取原状土（10cm×10cm×10cm），装入方形塑料盒带回实验室（运输过程中尽量减少扰动，以免破坏团聚体）后用于团聚体分析。环刀法采取新鲜土样用于孔隙度分析。

二、分析方法

土壤团聚体组成采用湿筛法测定：将 50g 风干土置于 1L 量筒中，沿着量筒边缘缓慢加入去离子水至饱和，然后将饱和土样转移到水桶中的套筛（孔径依次为 5mm、2mm、1mm、0.5mm 和 0.25mm）顶部，利用自制的振荡仪以 30 次·分钟$^{-1}$上下振荡 5 分钟，将各级孔径筛子上的土样转入铝盒烘干称重得 W_{wit}，然后再加入 10mol·L^{-1}六偏磷酸钠溶液 10mL 并用玻璃棒搅拌分散，置于相应孔径筛子振荡，将留在筛子上的沙粒转入铝盒烘干称重得 W_{wis}，则各粒级团聚体质量 $W_{wi} = W_{wit} - W_{wis}$。采用大于 0.25mm 团聚体比例 $R_{0.25}$、平均重量直径（MWD）和几何平均直径（GMD）表征团聚体稳定性（Heuck et al., 2015）。

$$R_{0.25} = \frac{M_r > 0.25}{M_t} \times 100\% \tag{2.1}$$

$$MWD = \frac{\sum_{i=1}^{n}(\bar{x}_i w_i)}{\sum_{i=1}^{n} w_i} \tag{2.2}$$

$$GMD = Exp\left(\frac{\sum_{i=1}^{n}(w_i ln \bar{x}_i)}{\sum_{i=1}^{n} w_i}\right) \tag{2.3}$$

其中 $M_r > 0.25$ 代表粒径大于 0.25mm 团聚体质量，M_t 代表团聚体总质量，w_i 为某粒级团聚体质量，$\bar{x}_i$ 为某粒级团聚体平均直径。

土壤湿度采用烘干法测定：测定鲜土质量（m_t），之后在 105℃烘箱内烘干 6~8 小时至恒重，测定烘干土重（m_s），土壤湿度 θ_m（%）$= (m_t - m_s)/m_s \times 100$。

土壤孔隙度采用环刀-计算法测定：$f(\%) = 1 - m/V(1+\theta_m)/2.65 \times 100$，$m$ 为环刀内鲜土质量，V 为环刀容积，θ_m 为土壤含水量（质量含水量），2.65 为假定土壤比重（g·cm^{-3}）。

土壤总有机碳（TOC）采用 $K_2Cr_2O_7$ 氧化-容量法测定：称取过 0.15mm 筛土壤 0.2g（准确到 0.1mg），放入 150mL 三角瓶中，加粉末状硫酸银 0.1g，然后准确加入 5.00mL 重铬酸钾溶液、5mL 硫酸摇匀，瓶口上装简易空气冷凝管，放在预热到 220~230℃ 的电沙浴上加热，使三角瓶中溶液沸腾，当看到冷凝管下端落下第一滴冷凝液开始计时，消煮 5 分钟，取下三角瓶冷却片刻，用水洗冷凝管内壁及下端外壁，洗涤液收集于原三角瓶中，瓶中液体总体积应控制在 60~80mL 为宜，加 3~5 滴邻菲罗啉指示剂，用硫酸亚铁溶液滴定剩余的重铬酸钾，溶液颜色由黄色经过绿色、灰蓝突变为棕红色即为终点。

土壤全氮（TN）采用元素分析仪法测定：样品风干过筛（0.15mm），在 60℃ 条件下烘干后，用电子天平（型号：XP6，Mettler-Toledo International Inc.，可读性 0.001mg）准确称取样品 20.000mg（精确至 0.001mg），经锡舟包裹后，放入元素分析仪（型号 vario PYRO cube，德国 Elementar Analysensysteme GmbH 公司）测定。计算土壤 C/N 比（TOC/TN）。

土壤速效氮（铵态氮和硝态氮）采用连续流动分析仪法测定：称取 5.00 g 新鲜土样，加入 50mL 2mol·L^{-1} KCl 溶液浸提，震荡 30 分钟，静置 5 分钟后过滤，取上清液，经连续流动分析仪测定。

土壤 pH 值采用 pH 计测定（水：土比 =2.5:1，V:W）：称取过 2mm 筛的风干土样 10.00 g 于 50mL 高型烧杯中，加入 25mL 无二氧化碳水，用玻璃棒剧烈搅动 1~2 分钟，静置 30 分钟，然后用 pH 计测定。

三、数据处理

运用 SPSS 13.0 软件对有关数据进行单因素方差分析（ANOVA）和线性回归分析，评价人工林生态恢复年限对各指标的影响以及某些指标间的相关关系，$P<0.05$ 为差异显著。

第二节　结果与分析

一、土壤团聚体

在本研究中，土壤团聚体组成的平均水平为：>5mm 为 1.76%、2~5mm 为 2.30%、1~2mm 为 3.35%、0.5~1mm 为 7.36%、0.25~0.5mm 为 10.53%、<

0.25mm 为 74.70%，其中以<0.25mm 团聚体为主（表 4.1）。比较发现，喀斯特不同生态恢复年限土壤团聚体组成存在显著差异（$P<0.05$）。总的来说，随着生态恢复年限的延长，>0.25mm 各粒级土壤团聚体含量均呈逐渐增加趋势，而<0.25mm 团聚体呈相反变化趋势。较对照样地相比，生态恢复 16 年后>5mm、2~5mm、1~2mm、0.5~1mm、0.25~0.5mm 团聚体含量分别增加了 0.73、1.74、1.40、8.77 和 11.9 个百分点，其增加量以 0.25~0.5mm 团聚体的贡献为主，而< 0.25mm 团聚体含量则降低了 24.5 个百分点。

表 4.1　喀斯特生态恢复过程中土壤团聚体组成的变化　　（单位:%）

团聚体粒级（mm）	0 年	2 年	4 年	8 年	16 年
>5	1.38±0.11c	1.44±0.12bc	1.67±0.13b	2.22±0.18a	2.11±0.16a
2~5	1.82±0.13c	1.79±0.13c	2.34±0.21b	1.97±0.16bc	3.56±0.19a
1~2	2.77±0.21b	2.41±0.19b	2.76±0.24b	4.65±0.29a	4.17±0.24a
0.5~1	3.56±0.29c	4.12±0.31c	7.89±0.57b	8.92±0.65b	12.3±0.98a
0.25~0.5	4.27±0.33d	5.54±0.41c	12.44±1.01b	14.24±1.14ab	16.16±1.22a
<0.25	86.2±6.12a	84.7±5.47a	72.9±5.66b	68.0±4.91bc	61.7±4.32c

注：平均数±标准差；$n=4$；不同字母表示处理间差异显著（$P<0.05$）

如图 4.1 所示，>0.25mm 团聚体比例（$R_{0.25}$）在 13.8%~38.3%，平均为 25.3%。比较发现，喀斯特不同生态恢复年限 $R_{0.25}$ 存在显著差异（$P<0.05$）。其中，生态恢复年限前 2 年的 $R_{0.25}$ 提升情况不显著，4 年后达显著提升水平，16 年后较对照样地显著提升了 24.5 个百分点，提升幅度为 1.8 倍。

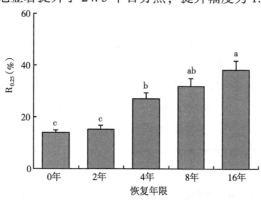

图 4.1　喀斯特生态恢复过程中土壤团聚体稳定性 $R_{0.25}$ 的变化

$R_{0.25}$：大于 0.25mm 团聚体比例；竖线代表标准差；$n=4$；不同字母表示处理间差异显著（$P<0.05$）

如图 4.2 所示，MWD（平均重量直径）和 GMD（几何平均直径）分别在 0.35~0.55mm 和 0.17~0.26mm，平均分别为 0.43mm 和 0.21mm。比较发现，喀斯特不同生态恢复年限间的 MWD 和 GMD 均存在显著差异（$P<0.05$）。其中，生态恢复年限前 2 年的 MWD 和 GMD 变化不显著，4 年后开始显著增大，16 年后较对照样地分别显著增大 51.8% 和 60.5%。

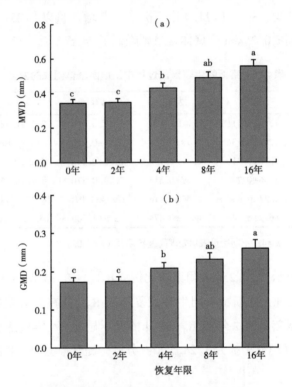

图 4.2　喀斯特生态恢复过程中土壤团聚体
稳定性 MWD（a）和 GMD（b）的变化

MWD：平均重量直径；GMD：几何平均直径；竖线代表标准差；$n=4$；
不同字母表示处理间差异显著（$P<0.05$）

二、土壤孔隙度和湿度

在本研究中，土壤孔隙度在 30.2%~42.1%，平均为 35.1%（图 4.3a）；土壤湿度在 10.3%~17.4%，平均为 13.2%（图 4.3b）。比较发现，喀斯特不同生态恢复年限土壤孔隙度和湿度均存在显著差异（$P<0.05$）。总的来说，随着生态恢复年限的延长，土壤孔隙度和湿度均呈逐渐增加趋势。其中，土壤孔隙度在生态恢复 8 年后达显著差异水平；土壤湿度在生态恢复 16 年后达显著差异水平。较对照样地相比，16 年生态恢复样地土壤孔隙度和湿度分别增加28.0%和42.1%。

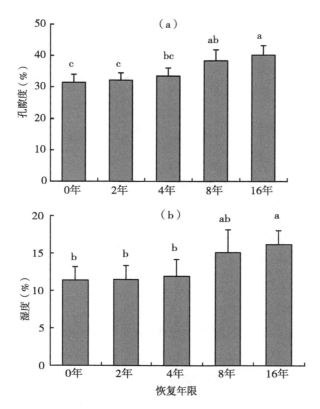

图 4.3　喀斯特生态恢复过程中土壤孔隙度（a）和湿度（b）的变化

竖线代表标准差；$n=4$；不同字母表示处理间差异显著（$P<0.05$）

　　喀斯特不同生态恢复年限条件下，随着土壤团聚体稳定性的提升，即$R_{0.25}$、MWD 和 GMD 升高，土壤孔隙度逐渐提高。线性回归分析结果显示：土壤孔隙度和 $R_{0.25}$（$R^2=0.9007$，$P<0.01$；图 4.4a）、MWD（$R^2=0.9523$，$P<0.01$；图 4.4b）、GMD（$R^2=0.9444$，$P<0.01$；图 4.4b）之间均具有极显著正

相关关系。

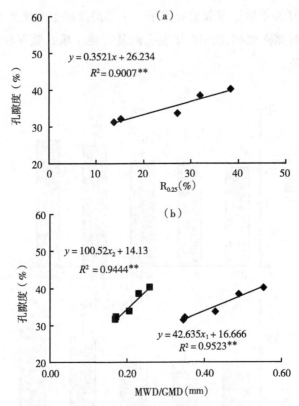

图 4.4 喀斯特生态恢复过程中土壤孔隙度与团聚体稳定性 $R_{0.25}$（a）、

MWD（x_1，b）和 GMD（x_2，b）的相关关系

$R_{0.25}$：大于 0.25mm 团聚体比例，MWD：平均重量直径，

GMD：几何平均直径；$n=5$；** 表示极显著水平（$P<0.01$）

　　喀斯特不同生态恢复年限条件下，随着土壤孔隙度的提高，土壤湿度逐渐增加。线性回归分析结果显示：土壤湿度和孔隙度之间具有极显著正相关关系（$R^2=0.9852$，$P<0.01$；图 4.5）。

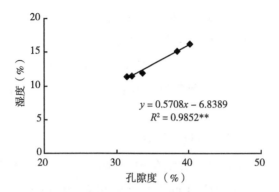

图 4.5　喀斯特生态恢复过程中土壤湿度和孔隙度的相关关系

$n=5$；✲✲ 表示极显著水平（$P<0.01$）

三、土壤有机碳、全氮及碳：氮比

土壤总有机碳（TOC）含量在 $10.8 \sim 18.1 \mathrm{g} \cdot \mathrm{kg}^{-1}$，平均为 $14.0 \mathrm{g} \cdot \mathrm{kg}^{-1}$（图 4.6a）；土壤全氮（TN）含量在 $1.14 \sim 1.42 \mathrm{g} \cdot \mathrm{kg}^{-1}$，平均为 $1.26 \mathrm{g} \cdot \mathrm{kg}^{-1}$

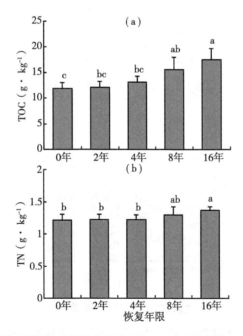

图 4.6　喀斯特生态恢复过程中土壤总有机碳（TOC，a）和全氮（TN，b）含量的变化

竖线代表标准差；$n=4$；不同字母表示处理间差异显著（$P<0.05$）

（图4.6b）。比较发现，喀斯特不同生态恢复年限土壤TOC和TN含量均存在显著差异（$P<0.05$）。随着恢复年限的延长，土壤TOC含量总的来说呈上升趋势，16年生态恢复样地土壤TOC含量较对照显著增加47.1%。与TOC的变化规律相似，土壤TN含量随恢复年限总体呈略微上升趋势，16年生态恢复样地土壤TN含量较对照显著增加13.2%。

土壤铵态氮（NH_4^+-N）含量在7.04~10.1$mg \cdot kg^{-1}$，平均为8.37$mg \cdot kg^{-1}$（图4.7a）；土壤硝态氮（NO_3^--N）含量在34.5~60.4$mg \cdot kg^{-1}$，平均为45.6$mg \cdot kg^{-1}$（图4.7b）。比较发现，喀斯特不同生态恢复年限土壤铵态氮和硝态氮含量均存在显著差异（$P<0.05$）。随着恢复年限的延长，土壤铵态氮和硝态氮含量总的来说均呈上升趋势。较对照样地相比，生态恢复16年土壤铵态氮和硝态氮含量分别显著增加43.8%和75.1%。

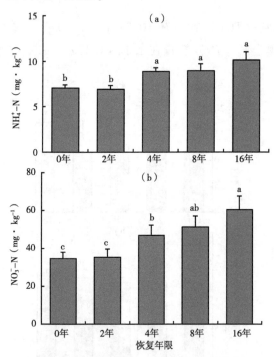

图4.7　喀斯特生态恢复过程中土壤铵态氮（NH_4^+-N）（a）

和土壤硝态氮（NO_3^--N）（b）含量的变化

竖线代表标准差；$n=4$；不同字母表示处理间差异显著（$P<0.05$）

土壤碳：氮比（TOC/TN）在 9.27~14.1，平均为 11.1（图 4.8a）。对比发现，喀斯特不同生态恢复年限土壤 TOC/TN 存在显著差异（$P<0.05$；图 4.8a）。随着恢复年限的延长，土壤 TOC/TN 总的来说呈逐渐上升趋势，16 年生态恢复样地土壤 TOC/TN 较对照样地显著提高 29.9%。线性回归分析结果显示：喀斯特不同生态恢复年限条件下，土壤 TOC/TN 和根系 C/N 比之间具有极显著正相关关系（$R^2 = 0.9035$，$P<0.01$；图 4.8b）。

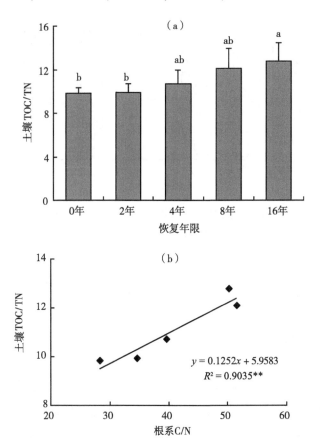

图 4.8 喀斯特生态恢复过程中土壤碳：氮比（TOC/TN）的变化

（a）及其与根系碳：氮比（C/N）的相关关系（b）

竖线代表标准差；$n=5$；不同字母表示处理间差异显著（$P<0.05$）；

** 表示极显著水平（$P<0.01$）

四、土壤 pH 值

土壤 pH 值在 6.64~7.01，平均为 6.81（图 4.9）。比较发现，喀斯特不同生态恢复年限间的土壤 pH 值没有显著差异。

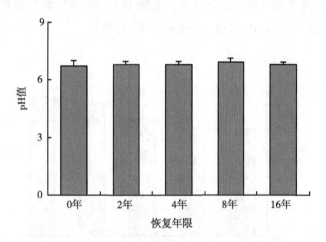

图 4.9　喀斯特生态恢复过程中土壤 pH 值的变化

竖线代表标准差；$n=4$

第三节　生态恢复对土壤物理性质的影响

在本研究的喀斯特人工林生态恢复过程中，土壤团聚体稳定性参数 $R_{0.25}$（>0.25mm 团聚体比例）、MWD（平均重量直径）和 GMD（几何平均直径）均趋于升高，表明土壤团聚体稳定性增强。其原因在于：喀斯特植被恢复过程中，作为土壤团聚体胶结剂的植物根系、微生物（特别是腐生真菌、丛枝菌根真菌）和土壤有机质含量逐渐增多，从而促进了土壤团聚体的形成和稳定（唐政等，2015；王清奎和汪思龙，2005；龙健等，2006）。这与前人的研究结果一致：龙健等（2006）在贵州喀斯特地区通过十多年的定位试验研究发现，花椒种植等 4 种生态恢复模式均显著提高土壤团聚体稳定性，改善土壤结构和通气保水性能，提高土壤物理肥力。

土壤团聚体结构的恢复进而可以改善土壤孔性，增加土壤通气孔隙度和保水孔隙度及总孔隙度，改善土壤通气和导水、保水性能，进而可以增加土壤含水量。在本研究的喀斯特人工林生态恢复过程中，随着土壤团聚体稳定性的增强，土壤孔隙度逐渐提高，土壤湿度也趋于升高，且回归分析表明土壤孔隙度与团聚体稳定性参数 $R_{0.25}$、MWD 和 GMD 之间均呈显著或极显著正相关关系，土壤湿度则与孔隙度呈显著正相关关系，这说明喀斯特生态恢复过程中土壤孔隙度的提高主要归因于团聚体稳定性的恢复改善，土壤孔隙度的提高也进而促进了土壤湿度的增加。此外，植被的恢复也可以直接起到蓄墒作用，减少土壤水分流失，进而促进土壤含水量的增加。司彬等（2008）在黔中研究了喀斯特生态恢复过程中土壤理化性质的变化，结果表明随着生态植被恢复，土壤容重呈降低趋势，这意味着土壤结构的改善和孔隙度的增加；唐政等（2015）在广西环江的研究发现，在人工林生态恢复下，退化喀斯特土壤孔隙度和湿度均随人工林年龄的延长而逐渐增加，增加速率分别达到 $1.09\% \cdot 年^{-1}$ 和 $0.61\% \cdot 年^{-1}$。值得注意的是，在本研究的喀斯特植被恢复过程中，土壤团聚体稳定性、孔隙度和湿度虽然总体呈上升趋势，但植被恢复前期的变化不明显，主要是植被恢复4~8 年后才发生显著变化，说明土壤物理性质的恢复具有一定的滞后性，反映了土壤物理性质的形成是一个相对漫长的过程。

第四节 生态恢复对土壤化学性质的影响

在植被恢复过程中，地上植被生物量的增加直接导致凋落物和根系周转的增加，从而可以从输入端促进土壤有机质和养分的积累。此外，土壤团聚体的物理保护以及植被覆盖的保护作用也可以从输出端减少土壤有机质的分解损失和养分流失。所以，喀斯特植被恢复过程中，通常伴随着土壤有机碳和养分含量的增加，与本研究结果一致。龙健等（2005，2006）在贵州喀斯特十多年定位治理的系统研究中发现，花椒种植等 4 种生态恢复模式均较石漠化对照显著提高土壤有机质、全氮和速效氮含量，提升土壤化学肥力；司彬等（2008）在黔中喀斯特地区的研究结果表明，在石漠化喀斯特植被恢复过程中，土壤有机质、全氮和速效养分含量均随演替进行而不断上升，其中速效氮、全氮含量在次生乔林阶段达到最大；杨小青和胡宝清（2009）以广西都安县澄江小流域为例，研究发现生态恢复森林样地与石漠化样地相比，土壤有机质和全氮含量分别上升230.0%和256.8%；张平究和潘根兴（2011）在贵州南部喀斯特岩溶山区的研究发现，与退化样地相比，不同恢复方式下土壤养分含量均有不同程度的提高。在本研究中的喀斯特人工林生态恢复过程中，地上植被的变化使得根系C/N比升高，进而导致土壤碳：氮比（TOC/TN）趋于升高，土壤碳：氮比很好地反映了根系输入资源质量的变化。值得注意的是，在本研究的喀斯特植被恢复过程中，土壤有机碳、全氮和C/N比虽然总体呈上升趋势，但在植被恢复前期的变化不明显，主要是在植被恢复8～16年后才发生显著的变化，说明喀斯特土壤化学性质的恢复表现出明显的滞后特征，反映了土壤化学性质的形成是一个相对漫长的过程。

本研究结果表明，土壤pH值在喀斯特人工林生态恢复过程中保持稳定，这与杨小青和胡宝清（2009）的研究结果一致，他们以广西都安县澄江小流域为例，研究了喀斯特石漠化生态系统恢复演替过程中土壤质量的变化特征，发现生态恢复森林样地与石漠化样地相比，土壤pH值没有显著变化。但司彬等（2008）在黔中喀斯特地区的研究结果表明，喀斯特植被恢复过程中，土壤由弱碱性向弱酸性演替。这可能和研究地点以及土壤类型、气候条件的不同有关。

第五节　本章小结

在本研究的石漠化喀斯特人工林生态恢复过程中，土壤团聚体稳定性、孔隙度、湿度趋于升高，表明土壤物理环境条件趋于改善；土壤有机碳、氮含量趋于增加，说明地下资源输入的增多；土壤碳：氮比总体呈上升趋势，反映了输入资源质量的变化。但是，这些土壤理化性质的变化在植被恢复前期不明显，主要发生在植被恢复4～16年后，说明喀斯特土壤理化性质的恢复表现出一定的滞后特征。

喀斯特人工林生态恢复过程中，资源输入和环境条件的改变可能驱动土壤关键生物群落及整个微食物网的结构和功能发生相应的演变。

第五章 喀斯特生态恢复土壤
微生物群落的演变

土壤微生物作为地下生态系统最活跃的生物类群，是土壤有机质分解和养分循环的初级调控者，微生物学过程与土壤物理过程、化学过程以及地上生态过程密切相关。土壤微生物生物量、基础呼吸、酶活性、呼吸熵及群落多样性等分析能够反映微生物群落大小、活性、生理生态和结构等方面的特征，是土壤肥力和环境质量的重要指标。石漠化喀斯特人工林生态恢复过程中，一方面由于地上植被生物量及多样性的增加、地下底物资源输入（根系、有机质）的增多以及土壤环境条件（湿度、孔隙度等）的改善，所以土壤微生物的群落大小、活性和多样性可能趋于增加；另一方面由于植被演替导致地下资源质量的改变，根系资源的难分解成分木质素含量以及 C/N 比增加，所以土壤微生物的群落结构（真菌：细菌比例）和生态化学计量特征（微生物 C/N 比）可能发生变化，食物网分解通道发生改变（真菌：细菌比例可能升高，食物网相对倾向于以真菌分解通道为主）；微生物的 C/N 比和特征酶活比［BG/（NAG+LAP）］可能升高，对资源化学计量产生适应性响应。所以，本研究以广西环江典型喀斯特系统为代表，采用空间序列代替时间序列的方法，选取相对邻近的裸地（石漠化对照样地）和系列年限香椿树人工林生态恢复样地，通过野外实地取样和实验室测定分析，研究了退化喀斯特人工林生态恢复过程中土壤微生物群落大小、活性、生理生态、化学计量、多样性和结构等方面的演变特征；结合地上植被、地下资源输入和土壤环境条件，运用典型对应分析-方差分解分析（CCA-VPA）等统计分析手段，研究土壤微生物群落的演变机制和主要驱动因子。

第一节 材料与方法

一、供试土壤

在研究样地的每个样方内，分别于 2014 年 7 月和 9 月去除地表凋落物和腐殖质层后，采用土铲、土钻、剖面刀等工具，通过"S"形多点（8~10个点）混合取样法采取表层（0~10cm）土壤样品。剔除可见的石头、动植物残体等物质后，过2mm筛并测定含水量，部分样品4℃保鲜用于测定土壤微生物量、基础呼吸和酶活性分析，部分新鲜样品于-80℃保存用于磷脂脂肪酸分析。

二、分析方法

土壤微生物生物量碳（MBC）、氮（MBN）采用"氯仿熏蒸提取-仪器法"测定（Vance et al.，1987）：称取相当于25.00 g烘干基的新鲜土样三份，置于表面皿中。将表面皿放入真空干燥器中，并放置盛有去乙醇氯仿（约2/3烧杯）的小烧杯2~3只，烧杯内放有少量经浓盐酸溶液浸泡过夜后洗涤烘干的玻璃珠（防爆沸），同时放入一小烧杯稀NaOH溶液以吸收熏蒸期间释放出来的CO_2，干燥器底部加入少量水以保持湿度。采用真空泵对干燥器进行抽真空处理（真空度控制-0.07Mpa以下），使氯仿剧烈沸腾3~5分钟。关闭真空干燥器阀门，在暗室放置24小时。取出氯仿和稀NaOH溶液的烧杯，清洁干燥器，反复抽真空（-0.07Mpa，5~6次，每次3分钟）直至土壤无氯仿味为止。将熏蒸土壤无损地转移到200mL聚乙烯塑料瓶中，加入100mL 0.5mol·L^{-1} K_2SO_4溶液（土：水比为1：4，W：V），振荡30分钟（300转·分钟$^{-1}$），用中速定量滤纸过滤于125mL塑料瓶中。熏蒸开始的同时，另取等量的三份土壤于200mL聚乙烯塑料瓶中，直接加入100mL 0.5mol·L^{-1} K_2SO_4溶液提取，作为对照土壤；另作三个无土壤空白。提取液在-18℃下保存。解冻后摇匀，取10.00mL提取液于40mL样品瓶中，加入10mL六偏磷酸钠溶液（pH值2.0），使浸提液中的沉淀（$CaSO_4$和K_2SO_4）全部溶解，采用TOC-V-TN分析仪（Analytik，Jena，Multi N/C 3000）测定提取液中C、N含量。MBC和MBN的校正系数分别为0.45和0.54（Vance et al.，1987；Jenkinson et al.，2004）。计算微生物熵（MBC/TOC）= MBC/TOC（%）、微生物生物量氮占全氮比例（MBN/TN）、和微生物生物量碳：氮比（MBC/MBN）。

土壤基础呼吸（BR）采用"室内培养-碱液吸收法"测定（25℃避光培养2天）：称取相当于20g烘干基的新鲜土样，置于500mL棕色瓶中。准确吸取2mol·L^{-1} NaOH溶液10mL于一小烧杯中，放入棕色瓶后，密封培养2天。取出 NaOH 烧杯，洗入 250mL 容量瓶中，稀释至刻度。吸取稀释液 25mL，用标准盐酸滴定，计算呼吸强度（Hu & van Bruggen，1997）。基于基础呼吸 BR 和微生物生物量碳 MBC 结果，计算微生物呼吸熵（qCO_2）：（mg CO_2–C·kg^{-1}土）／（mg MBC·kg^{-1}土）／（14 天×24 小时）×1000，qCO_2 表达为 mg CO_2–C·g^{-1}MBC·h^{-1}（Wardle & Ghani，1995）。

土壤酶活性采用荧光微型板法测定（Jared，2009；Donovan et al.，2011；Robert et al.，2009，2014）：首先对 96 孔微型板按照不同测定的酶进行编号、分区（分为缓冲液+缓冲液区、缓冲液+标准物区、缓冲液+底物区、待测液+缓冲液区、待测液+标准物区、待测液+底物区），其次为制备土壤悬浊液：称取相当于 1 g 干土重的新鲜土样，置于 250mL 灭菌三角瓶中，加入灭菌并冷却的 50mol·L^{-1} 醋酸缓冲液 125mL，震荡制备成土壤悬浊液以供测定，然后将配制好的标准物加入微型板，迅速加入底物溶液，将加好缓冲液、待测液、标准物和底物的微型板放入 25℃ 的培养箱培养，培养 2 小时后上机测定。测定的三种酶活性 β–葡萄糖苷酶（β–1，4–glucosidase，BG）、乙酰氨基葡萄糖苷酶（β–1，4–N–acetylglucosaminidase，NAG）和亮氨酸氨基肽酶（leucine amin-opeptidase，LAP）的底物分别为 4–MUB–β–D–glucosid、4–MUB–N–acetyl–β–D–glucosaminide 和 L–Leucine–7–amino–4–methylcoumarin，标准品分别为 4–MUB、4–MUB 和 AMC，均购于 Sigma 公司，–20℃ 下保存。酶活性的计算公式如下：

$$A = F \times V / (e \times V_b \times t \times m)$$
$$F = (f - f_h) / q - f_s$$
$$e = k_h / V_h$$
$$q = (k_s - f_h) / k_h$$

其中，A 为土壤样品的酶活性（nmol·g^{-1}·h^{-1}）；F 为校正后的样品荧光值；V 为土壤悬浊液的总体积（mL，本试验的悬浊液体积为 125mL）；V_b 为微孔板的每个孔中加入土壤悬浊液的体积（单位为 mL，本试验所加的土壤悬浊液为 0.2mL）；t 为培养时间（本试验为 4h）；m 为干土样的质量（本试验称取相当于 1g 干土的湿土）；f 为酶标仪读取的样品底物荧光值；f_h 为酶标仪读取的土壤悬浊液的荧光值；f_s 为酶标仪读取的基底液的荧光值；e 为将荧光值换算为浓度的换算系数；k_h 为缓冲液标准荧光值；V_h 为微孔板中的每个孔中加入标准液的体积 (mL，本试验为 0.05mL)；q 为标准校正系数；k_s 为待测液标准荧光值。

计算特殊酶活性：基于底物的酶活性=酶活性：有机质 (BG/SOM，NAG/SOM，LAP/SOM)；特征酶活比=C 相关酶活性：N 相关酶活性 [BG/(NAG + LAP)]。

微生物磷脂脂肪酸 (PLFAs) 的提取、分离、测量及分析参考 Bossio 和 Scow (1998)、Briar 等 (2011) 以及 Frostegård 等 (1993) 等的方法：实验前预先测定土壤含水量，配置试剂，并准备实验用品。所有玻璃器皿 (试管、小瓶及瓶盖等) 在实验前均用正己烷清洗，晾干。采用特氟龙材料的离心管进行离心。具体提取步骤：称取相当于 8 g 烘干土重的新鲜土样，置于 50mL 离心管中，向离心管中加入 5mL 磷酸缓冲液，再加入 6mL 三氯甲烷，12mL 甲醇溶液，振荡 2 小时，在 25℃，3500 转·分钟$^{-1}$ 条件下离心 10 分钟，将上层溶液转移至分液漏斗中，加入 23mL 提取液于离心管中的剩余土壤中，继续振荡 30 分钟，再次在 25℃ 3500 转·分钟$^{-1}$ 条件下离心 10 分钟，将上层溶液再次转移至分液漏斗中。加 12mL 三氯甲烷，12mL 磷酸缓冲液于分液漏斗中，摇动 2 分钟，静置过夜。第二天，将分液漏斗中下层溶液在 30~32℃ 条件下进行水浴 N_2 浓缩，加 200μL 三氯甲烷转移浓缩磷脂 (共转移 5 次) 到已用三氯甲烷活化过的萃取小柱上，加 5mL 甲醇，用干净玻璃试管收集淋洗液，再次进行水浴 N_2 浓缩。加 1mL 1:1 甲醇：甲苯溶液，1mL 0.2mol·L^{-1} 氢氧化钾溶液，摇匀，37℃ 水浴加热 15 分钟，加 0.3mL 1mol·L^{-1} 醋酸溶液，2mL 正己烷溶液，2mL 超纯水，低速振荡 10 分钟，将上层己烷溶液移入小瓶，下层加 2mL 己烷，再振荡 10 分钟，再次将上层己烷溶液移入同一小瓶中，利用 N_2 脱水干燥。加 2 次 100μL 己烷于干燥样品中，摇动，转入色谱仪专用的内衬管中，2~3 天内检测。分析测试仪器采用美国 Agilent6890N 型 GC-MS 测试系统。PLFAs 的鉴定采用美国 MIDI 公司 (MIDI, Newark，Delaware，USA) 开发的基于细菌细胞脂肪酸成分鉴定的 Sherlock MIS4.5 系统 (Sherlock Microbial Identification System)。

脂肪酸常用的命名格式为 X:YωZ (c/t)，其中，X 是总碳数，后面跟：；Y 表示双键数；ω 表示甲基末端；Z 是距离甲基端的距离；c 表示顺式，t 表示反式。a 和 i 分别表示支链的反异构和异构；10Me 表示一个甲基团在距分子末端第 10 个碳原子上；环丙烷脂肪酸用 cy 表示 (Bouwman & Zwart，1994)。微生物分成细菌、腐生真菌和丛枝菌根真菌（AMF）三大功能群：i 15:0, a15:0, 15:0, i16:0, 16:1ω9, 16:1ω7t, i17:0, a17:0, 17:0, cy17:0和cy19:0共11个脂肪酸用于指示细菌特征PLFAs，其浓度之和表征细菌生物量，其中支链和饱和脂肪酸i15:0、a15:0、i16:0、i17:0、a17:0用于指示革兰氏阳性菌特征PLFAs，单不饱和脂肪酸和环丙烷脂肪酸16:1ω7t、16:1ω9、cy17:0和cy19:0用来指示革兰氏阴性菌特征PLFAs（Myers et al.，2001）；18:2ω6和18:1ω9c指示腐生真菌特征PLFAs，浓度之和表征腐生真菌生物量（Turpeinen et al.，2004）；16:1ω5c用于指示丛枝菌根真菌（AMF）特征PLFAs（Allison et al.，2005；McKinley et al.，2005；李琪等，2007；Aciego Pietri & Brookes，2009；Bach et al.，2010）。这些脂肪酸之和表征总的微生物生物量，计算真菌：细菌比例（F/B）＝真菌的PLFAs/细菌的PLFAs。

采用丰富度等常用多样性指数来衡量微生物的磷脂脂肪酸多样性。衡量指数：物种丰富度（Species richness）$SR = (S-1)/\ln N$（其中S为脂肪酸分类单元的数目，N为脂肪酸总量）；香农多样性指数（Shannon diversity index）$H' = -\sum p_i (\ln p_i)$（p_i为各脂肪酸所占的比例）；均匀度指数（Evenness index）$J' = H'/H'_{max}$（$H'_{max} = \ln S$）；优势度指数（Dominace index）$\lambda = \sum p_i^2$。

三、数据处理

运用SPSS 13.0软件对有关数据进行单因素方差分析（ANOVA）、简单相关分析和线性回归分析，评价人工林生态恢复年限对各指标的影响以及某些指标间的相关关系，$P < 0.05$为差异显著，简单相关分析时的土壤生物学指标取两个月的平均值。在Canoco软件下运用冗余分析（RDA），评价土壤微生物各类磷脂脂肪酸（两个月的均值）与诸多环境因子（根系生物量，土壤有机碳、氮、湿度、孔隙度等）间的关系。在R语言下运用典型对应分析-方差分解分析（CCA-VPA），定量解析不同影响因子对土壤微生物指标（取两个月的平均值）的相对贡献。

第二节 结果与分析

一、微生物生物量和基础呼吸

在本研究中，土壤微生物生物量碳（MBC）在76.4~752mg·kg⁻¹，平均为393mg·kg^{-1}（图5.1）。比较发现，喀斯特不同生态恢复年限土壤MBC含量存在显著差异（$P<0.05$）。随着喀斯特生态恢复年限的延长，两次采样（7月和9月）的土壤MBC含量均呈逐渐升高趋势，恢复16年样地土壤MBC含量是对照样地的6.7倍（7月）和6.3倍（9月）。总的来说，7月土壤MBC含量均略高于9月。

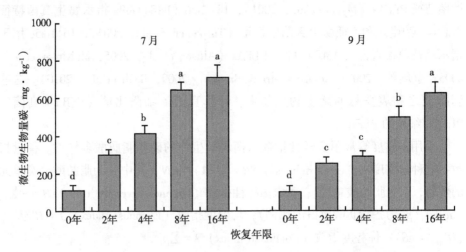

图5.1　喀斯特生态恢复过程中土壤微生物生物量碳（MBC）的变化

竖线代表标准差；$n=4$；不同字母表示处理间差异显著（$P<0.05$）

土壤微生物生物量氮（MBN）在14.1~77.8mg·kg^{-1}，平均为46.4mg·kg^{-1}（图5.2）。比较发现，喀斯特不同生态恢复年限土壤MBN含量存在显著差异（$P<0.05$）。与MBC的变化规律一致，随着喀斯特生态恢复年限的延长，两次采样（7月和9月）的土壤MBN含量均呈逐渐升高趋势，两个季节16年生态恢复样地土壤MBN含量均是对照样地的4.5倍。总的来说，7月土壤MBN含量均略高于9月。

土壤基础呼吸（BR）在0.19~1.04mg·kg^{-1}·h^{-1}，平均为0.65mg·kg^{-1}·h^{-1}（图5.3）。比较发现，喀斯特不同生态恢复年限土壤基础呼吸（BR）存在显著差异（$P<0.05$）。与MBC、MBN的变化规律基本一致，随着喀斯特生态恢复年限的延长，两次采样（7月和9月）的土壤基础呼吸（BR）均总体呈上升趋势，恢复16年样地土壤基础呼吸（BR）是对照样地的2.8倍（7月）和3.7倍（9月）。总的来说，7月土壤基础呼吸均略高于9月。

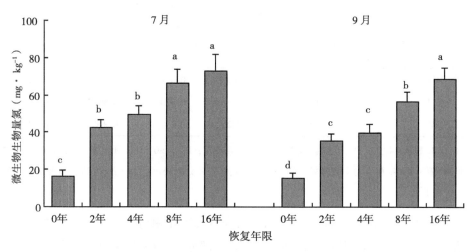

图 5.2　喀斯特生态恢复过程中土壤微生物生物量氮（MBN）的变化

竖线代表标准差；$n = 4$；不同字母表示处理间差异显著（$P < 0.05$）

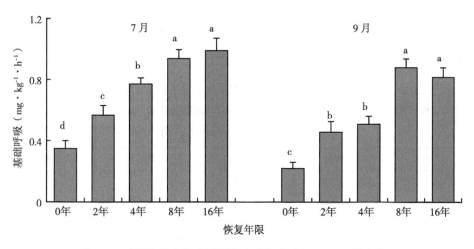

图 5.3　喀斯特生态恢复过程中土壤基础呼吸（BR）的变化

竖线代表标准差；$n = 4$；不同字母表示处理间差异显著（$P < 0.05$）

　　简单相关分析结果显示：喀斯特生态恢复过程中，MBC 与底物资源及环境因子各个指标［根系生物量（RB）、TOC、TN、孔隙度、湿度、团聚体稳定性（$R_{0.25}$）］之间均呈显著或极显著正相关关系；除了 TN 之外，MBN、BR 与底物资源及环境因子各个指标之间均呈显著或极显著正相关关系（表 5.1）。

表 5.1 喀斯特生态恢复过程中土壤微生物生物量及基础呼吸与
底物资源及环境因子的相关关系 （$n=5$）

	RB	TOC	TN	$R_{0.25}$	湿度	孔隙度
MBC	0.961**	0.959**	0.909*	0.954*	0.944*	0.973**
MBN	0.974**	0.914*	0.863	0.930*	0.891*	0.931*
BR	0.958*	0.903*	0.822	0.937*	0.896*	0.937*

注：RB. 根系生物量；TOC. 土壤总有机碳；TN. 土壤全氮；$R_{0.25}$. >0.25mm 团聚体比例；MBC. 微生物生物量碳；MBN. 微生物生物量氮；BR. 基础呼吸。* 和 ** 分别表示显著（$P<0.05$）和极显著（$P<0.01$）水平

为了区分评价底物资源、环境条件及其交互作用对土壤微生物生物量、活性的驱动效应，运用典型对应分析-方差分解分析（CCA-VPA）进行解析，其中植物根系生物量（RB）、TOC、TN 视为底物资源，孔隙度、湿度和团聚体稳定性（$R_{0.25}$）视为环境因子。分析结果显示：喀斯特生态恢复过程中，底物资源、环境条件及其交互作用对 MBC 变异的贡献分别为 33.7%、22.5% 和 33.2%，对 MBN 的贡献分别为 32.6%、29.5% 和 19.5%，对 BR 的贡献分别为 41.4%、34.1% 和 12.1%（表 5.2）。

表 5.2 喀斯特生态恢复过程中底物资源、环境因子及其交互作用对土壤微生物
生物量碳（MBC）、微生物生物量氮（MBN）和基础呼吸（BR）的相对贡献——
基于 CCA-VPA 分析（$n=5$）

指标	资源	环境因子	资源×环境因子	未解释
MBC	33.7%	22.5%	33.2%	10.6%
MBN	32.6%	29.5%	19.5%	18.4%
BR	41.4%	34.1%	12.1%	12.4%

二、微生物熵和呼吸熵

土壤微生物熵（MBC/TOC）在 0.69%~4.25%，平均为 2.65%（图 5.4）。比较发现，喀斯特不同生态恢复年限土壤微生物熵（MBC/TOC）存在显著差异（$P<0.05$）。随着喀斯特生态恢复年限的延长，两次采样（7月和9月）的

土壤微生物熵（MBC/TOC）均总体呈逐渐升高趋势。其中，对照样地两个季节的土壤微生物熵（MBC/TOC）均低于2.0%，生态恢复16年后升高到4.07%（7月）和3.57%（9月），分别提升3.17和2.74个百分点。

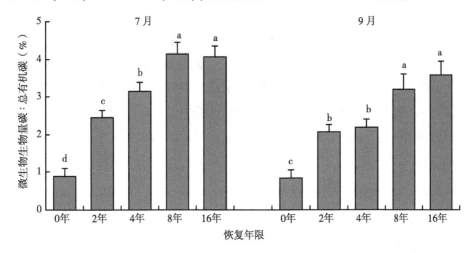

图5.4　喀斯特生态恢复过程中土壤微生物碳占总有机碳比例（MBC/TOC）的变化

竖线代表标准差；$n=4$；不同字母表示处理间差异显著（$P<0.05$）

土壤微生物生物量氮占全氮比例（MBN/TN）在1.22%～5.61%，平均为3.62%（图5.5）。比较发现，喀斯特不同生态恢复年限土壤MBN/TN存在

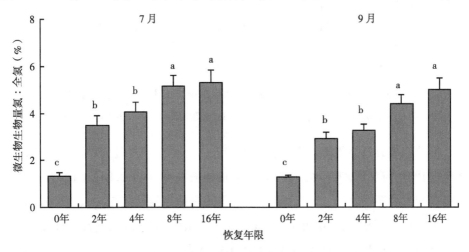

图5.5　喀斯特生态恢复过程中土壤微生物生物量氮占全氮比例（MBN/TN）的变化

竖线代表标准差；$n=4$；不同字母表示处理间差异显著（$P<0.05$）

显著差异（$P<0.05$）。与微生物熵的变化规律基本一致，MBN/TN 随生态恢复年限延长而趋于升高，其中生态恢复 16 年样地土壤 MBN/TN 较对照样地提高 3.98（7 月）和 3.75（9 月）个百分点。

土壤呼吸熵（qCO_2）在 $1.21\sim3.36mg\cdot g^{-1}\cdot h^{-1}$，平均为 $1.88mg\cdot g^{-1}\cdot h^{-1}$（图 5.6）。比较发现，喀斯特不同生态恢复年限土壤呼吸熵（qCO_2）存在显著差异（$P<0.05$）。与微生物熵的变化规律相反，随着喀斯特生态恢复年限的延长，两次采样（7 月和 9 月）的土壤呼吸熵（qCO_2）均趋于降低，其中石漠化对照样地两个季节的土壤呼吸熵（qCO_2）均高于 $2.0mg\cdot g^{-1}\cdot h^{-1}$，生态恢复 16 年后降低到 $1.39mg\cdot g^{-1}\cdot h^{-1}$（7 月）和 $1.31mg\cdot g^{-1}\cdot h^{-1}$（9 月），分别降低 57.5% 和 41.0%。

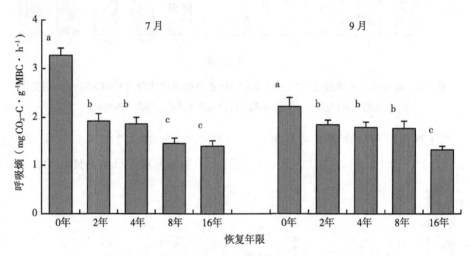

图 5.6 喀斯特生态恢复过程中土壤微生物呼吸熵（qCO_2）的变化

竖线代表标准差；$n=4$；不同字母表示处理间差异显著（$P<0.05$）

简单相关分析结果显示：退化喀斯特人工林生态恢复过程中，植物根系生物量（RB）与 MBC/TOC 之间呈极显著正相关关系（$P<0.01$）、而与 qCO_2 呈显著负相关关系（$P<0.05$），MBC/TOC 与团聚体稳定性（$R_{0.25}$）、孔隙度之间呈显著正相关关系（$P<0.05$），MBC/TN 与湿度、团聚体稳定性（$R_{0.25}$）、孔隙度之间亦均呈显著正相关关系（$P<0.05$）（表 5.3）。

表 5.3　喀斯特生态恢复过程中土壤微生物熵及呼吸熵与底物资源及环境因子的
相关关系（$n=5$）

指标	RB	TOC	TN	$R_{0.25}$	湿度	孔隙度
MBC/TOC	0.969**	0.876	0.804	0.915*	0.858	0.906*
MBN/TN	0.971**	0.907*	0.831	0.942*	0.892*	0.935*
qCO_2	−0.947*	−0.791	−0.745	−0.839	−0.751	−0.809

注：RB. 根系生物量；TOC. 土壤总有机碳；TN. 土壤全氮；$R_{0.25}$. >0.25mm 团聚体比例；MBC/TOC. 微生物生物量碳占总有机碳比例；MBN/TN. 微生物生物量氮占全氮比例；qCO_2. 呼吸熵。* 和 ** 分别表示显著（$P<0.05$）和极显著（$P<0.01$）水平

　　进一步通过典型对应分析-方差分解分析（CCA-VPA）定量解析底物资源（根系生物量、土壤有机碳、氮）、环境条件（团聚体稳定性、孔隙度、湿度）及其交互作用对土壤微生物熵及呼吸熵变化的相对贡献。典型对应分析-方差分解分析（CCA-VPA）结果显示：喀斯特人工林生态恢复过程中，底物资源、环境条件及其交互作用对 MBC/TOC 变异的贡献分别为 24.5%、44.2% 和 27.5%，对 MBC/TN 的贡献分别为 33.1%、36.2% 和 14.3%，对 qCO_2 的贡献分别为 77.2%、12.1% 和 6.2%（表 5.4）。

表 5.4　喀斯特生态恢复过程中底物资源、环境因子及其交互作用对土壤微生物熵
及呼吸熵的相对贡献——基于 CCA-VPA 分析（$n=5$）

指标	资源	环境因子	资源×环境因子	未解释
MBC/TOC	24.5%	44.2%	27.5%	3.8%
MBN/TN	33.1%	36.2%	14.3%	16.4%
qCO_2	77.2%	12.1%	6.2%	4.5%

注：MBC/TOC. 微生物生物量碳占总有机碳比例；MBN/TN. 微生物生物量氮占全氮比例；qCO_2. 呼吸熵

　　线性回归分析结果显示：喀斯特生态恢复过程中，7 月土壤呼吸熵（qCO_2）与真菌：细菌比例（F/B）之间存在极显著负相关关系（$R^2=0.9182$，$P<0.01$；图 5.7a）；9 月二者之间亦存在显著负相关关系（$R^2=0.7667$，$P<0.05$；图 5.7b）。

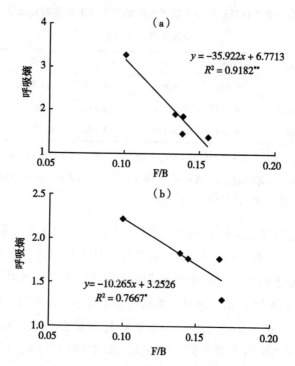

图 5.7　喀斯特生态恢复过程中土壤微生物呼吸熵（$q\mathrm{CO_2}$）与真菌：

细菌比例（F/B，真菌 PLFAs：细菌 PLFAs）的相关关系

$n=5$；a. 7 月；b. 9 月；＊和＊＊分别表示显著（$P<0.05$）和极显著水平（$P<0.01$）

三、微生物生物量碳：氮比

土壤微生物生物量碳：氮比（MBC/MBN）在 6.17～9.98，平均为 7.99（图 5.8）。比较发现，喀斯特不同生态恢复年限土壤 MBC/MBN 存在显著差异（$P<0.05$）。随着喀斯特生态恢复年限的延长，总的来说，两次采样（7 月和 9 月）的土壤 MBC/MBN 均趋于上升，4～8 年后达显著差异水平，其中 16 年恢复样地土壤 MBC/MBN 较对照样地显著提高 48.1%（7 月）和 41.3%（9 月）。总的来说，7 月土壤 MBC/MBN 略高于 9 月。

通过线性回归分析定量解析喀斯特人工林生态恢复过程中微生物生物量 C/N 比（MBC/MBN）分别与植物根系 C/N 比和土壤 C/N 比的关系，其中微生

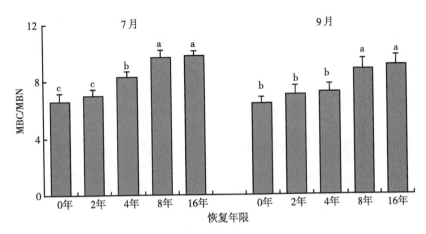

图 5.8 喀斯特生态恢复过程中土壤微生物生物量 C/N 比（MBC/MBN）的变化

竖线代表标准差；$n=4$；不同字母表示处理间差异显著（$P<0.05$）

物生物量 C/N 比取两个月的平均值。线性回归分析结果显示：在本研究的喀斯特人工林生态恢复过程中，微生物生物量 C/N 比（MBC/MBN）与植物根系 C/N 比（$R^2=0.9807$）呈极显著正相关关系，微生物生物量 C/N 比（MBC/MBN）与土壤 C/N 比（TOC/TN）（$R^2=0.9690$）之间亦呈极显著正相关关系（$P<0.01$，图5.9）。

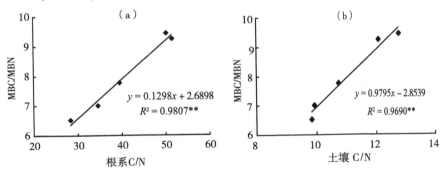

图 5.9 喀斯特生态恢复过程中土壤微生物生物量碳：氮比（MBC/MBN）与根系碳：

氮比（根系 C/N，a）和土壤碳：氮比（土壤 C/N，b）的相关关系

$n=5$；** 表示极显著水平（$P<0.01$）

线性回归分析结果显示：喀斯特人工林生态恢复过程中，7月的土壤微生物生物量碳：氮比（MBC/MBN）与真菌：细菌比例（F/B）之间的相关关系不显著（图5.10a）；而9月的土壤微生物生物量碳：氮比（MBC/MBN）与真菌：细菌比例（F/B）之间存在显著正相关关系（$R^2 = 0.8198$，$P < 0.05$；图5.10b）。

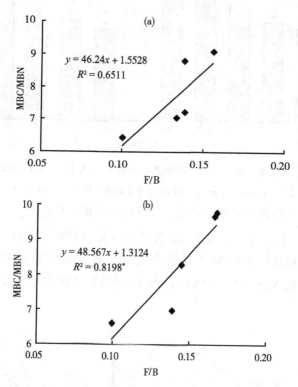

图5.10 喀斯特生态恢复过程中土壤微生物生物量碳：氮比（MBC/MBN）与真菌：细菌比例（F/B，真菌PLFAs：细菌PLFAs）的相关关系

$n = 5$；a.7月；b.9月；* 表示显著水平（$P < 0.05$）

四、酶活性

土壤β-葡萄糖苷酶（BG）活性在21.1～145.6nmol·g^{-1}·h^{-1}，平均为76.8nmol·g^{-1}·h^{-1}（图5.11）。比较发现，喀斯特不同生态恢复年限土壤β-葡萄糖苷酶（BG）活性存在显著差异（$P < 0.05$）。随着喀斯特生态恢复年限的延长，总的来说两次采样（7月和9月）的土壤β-葡萄糖苷酶（BG）活性均趋于上升，其中16年生态恢复样地土壤β-葡萄糖苷酶（BG）活性较对照样

地显著提高4.2倍（7月）和4.3倍（9月）。7月土壤β-葡萄糖苷酶（BG）活性显著高于9月。

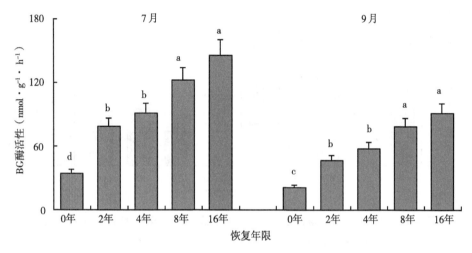

图5.11　喀斯特生态恢复过程中土壤β-葡萄糖苷酶（BG）活性的变化

竖线代表标准差；$n=4$；不同字母表示处理间差异显著（$P<0.05$）

土壤乙酰氨基葡萄糖苷酶（NAG）活性在 $2.12 \sim 9.44$ nmol·g^{-1}·h^{-1}，平均为 5.26 nmol·g^{-1}·h^{-1}（图5.12）。比较发现，喀斯特不同生态恢复年限土壤乙酰氨基葡萄糖苷酶（NAG）活性存在显著差异（$P<0.05$）。随着喀斯特生态恢复年限的延长，总的来说两次采样（7月和9月）的土壤乙酰氨基葡萄糖苷酶（NAG）活性均趋于上升，其中16年生态恢复样地土壤乙酰氨基葡萄糖苷酶（NAG）活性较对照样地显著提高2.6倍（7月）和2.7倍（9月）。7月土壤乙酰氨基葡萄糖苷酶（NAG）活性显著高于9月。

土壤亮氨酸氨基肽酶（LAP）活性在 $44.7 \sim 151.2$ nmol·g^{-1}·h^{-1}，平均为 93.1 nmol·g^{-1}·h^{-1}（图5.13）。比较发现，喀斯特不同生态恢复年限土壤亮氨酸氨基肽酶（LAP）活性存在显著差异（$P<0.05$）。随着喀斯特生态恢复年限的延长，总的来说两次采样（7月和9月）的土壤亮氨酸氨基肽酶（LAP）活性均趋于上升，其中16年生态恢复样地土壤亮氨酸氨基肽酶（LAP）活性较对照样地显著提高2.5倍（7月）和2.5倍（9月）。7月土壤亮氨酸氨基肽酶（LAP）活性显著高于9月。

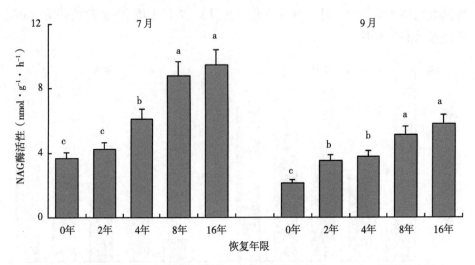

图 5.12　喀斯特生态恢复过程中土壤乙酰氨基葡萄糖苷酶（NAG）活性的变化

竖线代表标准差；$n=4$；不同字母表示处理间差异显著（$P<0.05$）

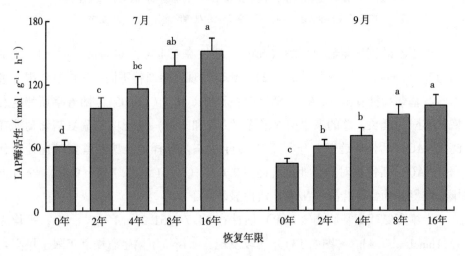

图 5.13　喀斯特生态恢复过程中土壤亮氨酸氨基肽酶（LAP）活性的变化

竖线代表标准差；$n=4$；不同字母表示处理间差异显著（$P<0.05$）

五、特征酶活性

基于土壤有机质的 β-葡萄糖苷酶（BG）活性在 1.03~4.83nmol·g^{-1}·h^{-1}，平均为 3.06nmol·g^{-1}·h^{-1}（图 5.14）。比较发现，喀斯特不同生态恢复年限特征土壤有机质 β-葡萄糖苷酶（BG）活性存在显著差异（$P<0.05$）。随着喀斯特生态恢复年限的延长，总的来说两次采样（7 月和 9 月）的特征土壤有机质 β-葡萄糖苷酶（BG）活性均呈升高趋势，其中 16 年生态恢复样的特征土壤有机质 β-葡萄糖苷酶（BG）活性较对照样地显著提高 2.8 倍（7 月）和 2.9 倍（9 月）。7 月特征土壤有机质 β-葡萄糖苷酶（BG）活性略高于 9 月。

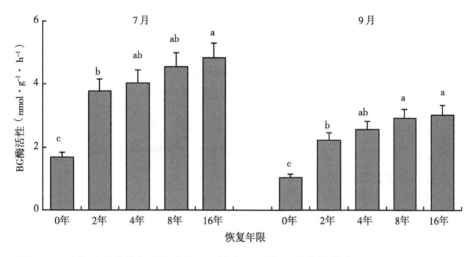

图 5.14　喀斯特生态恢复过程中基于土壤有机质的 β-葡萄糖苷酶（BG）活性的变化

竖线代表标准差；$n=4$；不同字母表示处理间差异显著（$P<0.05$）

基于土壤有机质的乙酰氨基葡萄糖苷酶（NAG）活性在 0.10~0.31nmol·g^{-1}·h^{-1}，平均为 0.21nmol·g^{-1}·h^{-1}（图 5.15）。比较发现，喀斯特不同生态恢复年限特征土壤乙酰氨基葡萄糖苷酶（NAG）活性存在显著差异（$P<0.05$）。随着喀斯特生态恢复年限的延长，两次采样（7 月和 9 月）的特征土壤乙酰氨基葡萄糖苷酶（NAG）活性均总体呈升高趋势，其中 16 年生态恢复样的特征土壤乙酰氨基葡萄糖苷酶（NAG）活性较对照样地显著提高 74.9%（7 月）和 85.1%（9 月）。7 月特征土壤乙酰氨基葡萄糖苷酶（NAG）活性明显高于 9 月。

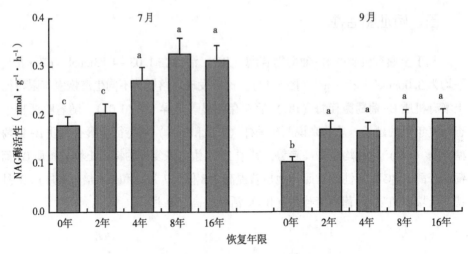

图5.15　喀斯特生态恢复过程中基于土壤有机质的

乙酰氨基葡萄糖苷酶（NAG）活性的变化

注：竖线代表标准差；$n=4$；不同字母表示处理间差异显著（$P<0.05$）

基于土壤有机质的亮氨酸氨基肽酶（LAP）活性在 $2.18\sim5.12\mathrm{nmol\cdot g^{-1}\cdot h^{-1}}$，平均为 $3.79\mathrm{nmol\cdot g^{-1}\cdot h^{-1}}$（图5.16）。比较发现，喀斯特不同生态恢复年限特征土壤亮氨酸氨基肽酶（LAP）活性存在显著差异（$P<0.05$）。但与上述特征酶活性的变化规律不同，两次采样（7月和9月）的特征土壤亮氨酸氨基肽酶（LAP）活性均在喀斯特生态恢复2年后显著提高，之后趋于稳定。7月特征土壤亮氨酸氨基肽酶（LAP）活性明显高于9月。

简单相关分析结果显示：退化喀斯特人工林生态恢复条件下，土壤 β-葡萄糖苷酶（BG）活性与植物根系生物量（RB）、TOC、$R_{0.25}$、湿度和孔隙度之间均呈显著或极显著正相关关系；乙酰氨基葡萄糖苷酶（NAG）活性与植物根系生物量（RB）、TOC、TN、$R_{0.25}$、湿度和孔隙度之间均呈显著或极显著正相关关系；亮氨酸氨基肽酶（LAP）活性与植物根系生物量（RB）、TOC、$R_{0.25}$、孔隙度之间均存在显著或极显著的正相关关系；基于土壤有机质的 β-葡萄糖苷酶（BG）活性与植物根系生物量（RB）呈显著正相关关系；基于土壤有机质的乙酰氨基葡萄糖苷酶（NAG）活性与植物根系生物量（RB）、TOC、$R_{0.25}$ 和孔隙度之间均呈显著或极显著正相关关系；基于土壤有机质的亮氨酸氨基肽

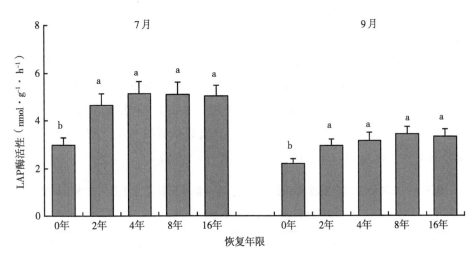

图 5.16 喀斯特生态恢复过程中基于土壤有机质的亮氨酸氨基肽酶（LAP）活性的变化
竖线代表标准差；$n=4$；不同字母表示处理间差异显著（$P<0.05$）

酶（LAP）活性与底物资源及环境因子各指标间均无显著相关关系（表 5.5）。

表 5.5 喀斯特生态恢复过程中土壤酶活性与底物资源及环境因子的相关关系（$n=5$）

指标	RB	TOC	TN	$R_{0.25}$	湿度	孔隙度
BG	0.977**	0.923*	0.877	0.938*	0.896*	0.935*
NAG	0.937*	0.970**	0.899*	0.978**	0.960**	0.986**
LAP	0.989**	0.900*	0.834	0.946*	0.869	0.918*
BG（SOM）	0.939*	0.751	0.685	0.824	0.715	0.780
NAG（SOM）	0.941*	0.881*	0.767	0.957*	0.868	0.917*
LAP（SOM）	0.865	0.573	0.475	0.716	0.526	0.614

注：BG. β-葡萄糖苷酶；NAG. 乙酰氨基葡萄糖苷酶；LAP. 亮氨酸氨基肽酶；RB. 根系生物量；TOC.
土壤总有机碳；TN. 土壤全氮；$R_{0.25}$. >0.25mm 团聚体比例。* 和 ** 分别表示显著（$P<0.05$）和极显著
（$P<0.01$）水平

典型对应分析-方差分解分析（CCA-VPA）结果显示：退化喀斯特人工林
生态恢复过程中，底物资源、环境条件及其交互作用对土壤 β-葡萄糖苷酶

（BG）活性变异的贡献分别为 25.1%、29.6% 和 21.2%，对乙酰氨基葡萄糖苷酶（NAG）活性变异的贡献分别为 27.2%、31.4% 和 24.2%，对亮氨酸氨基肽酶（LAP）活性变异的贡献分别为 28.1%、26.5% 和 19.4%，对基于土壤有机质的 β-葡萄糖苷酶（BG）活性变异的贡献分别为 18.5%、12.1% 和 16.7%，对基于土壤有机质的乙酰氨基葡萄糖苷酶（NAG）活性变异的贡献分别为 22.2%、29.7% 和 21.5%，对基于土壤有机质的亮氨酸氨基肽酶（LAP）活性变异的贡献分别为 11.2%、10.7% 和 9.8%（表 5.6）。

表 5.6　喀斯特生态恢复过程中底物资源、环境因子及其交互作用对土壤酶活性的相对贡献——基于 CCA-VPA 分析（$n=5$）

指标	资源	环境因子	资源×环境因子	未解释
BG	25.1%	29.6%	21.2%	24.1%
NAG	27.2%	31.4%	24.2%	17.2%
LAP	28.1%	26.5%	19.4%	26.0%
BG（SOM）	18.5%	12.1%	16.7%	52.7%
NAG（SOM）	22.2%	29.7%	21.5%	26.6%
LAP（SOM）	11.2%	10.7%	9.8%	68.3%

注：BG. β-葡萄糖苷酶；NAG. 乙酰氨基葡萄糖苷酶；LAP. 亮氨酸氨基肽酶。

六、特征酶活比

土壤特征酶活比 [BG/（NAG+LAP）] 在 0.45 ~ 0.97，平均为 0.75（图 5.17）。比较发现，喀斯特不同生态恢复年限特征土壤酶活比 [BG/（NAG+LAP）] 存在显著差异（$P<0.05$）。总的来说，随着喀斯特生态恢复年限的延长，土壤特征酶活比 [BG/（NAG+LAP）] 趋于升高。较对照样地相比，16 年生态恢复样地的土壤特征酶活比 [BG/（NAG+LAP）] 显著提高 82.3%（7 月）和 92.3%（9 月）。7 月土壤特征酶活比 [BG/（NAG+LAP）] 略高于 9 月。

退化喀斯特人工林生态恢复过程中，土壤特征酶活比 [BG/（NAG+LAP）] 与微生物生物量碳：氮比（MBC/MBN）的变化规律相似，但线性回归分析结果显示，两者之间的相关关系未达显著水平（图 5.18）。

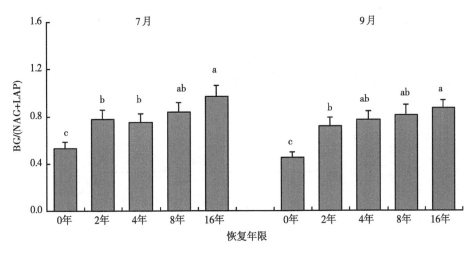

图 5.17　喀斯特生态恢复过程中土壤特征酶活比［BG/(NAG+LAP)］的变化

竖线代表标准差；$n=4$；不同字母表示处理间差异显著（$P<0.05$）

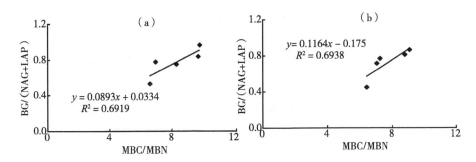

图 5.18　喀斯特生态恢复过程中土壤特征酶活比［BG/(NAG+LAP)］
与微生物生物量碳：氮比（MBC/MBN）的相关关系

a. 7 月；b. 9 月；$n=5$

退化喀斯特人工林生态恢复过程中，土壤特征酶活比［BG/(NAG+LAP)］与根系碳：氮比和土壤碳：氮比的变化规律相似。通过线性回归分析定量解析土壤特征酶活比［BG/(NAG+LAP)］与根系碳：氮比的关系。线性回归分析结果显示：土壤特征酶活比［BG/(NAG+LAP)］与根系碳：氮比呈显著正相关关系（$R^2=0.7847$，$P<0.05$），而与土壤碳：氮比之间的相关关系未达显著水平（图 5.19）。

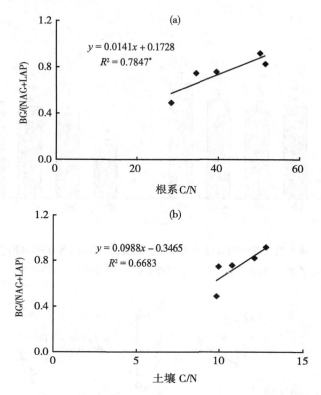

图 5.19 喀斯特生态恢复过程中土壤特征酶活比 [BG/(NAG+LAP)]
与根系 C/N 比（a）和土壤 C/N（b）的相关关系

$n=5$；＊表示显著水平（$P<0.05$）

七、磷脂脂肪酸（PLFA）组成及多样性指数

在选取的 14 种磷脂脂肪酸（PLFA）中，喀斯特石漠化样地土壤微生物磷脂脂肪酸（PLFA）仅检出 9 种，i16:0、16:1ω7t、17:0、cy17:0、cy19:0 未检出；随着生态恢复年限的延长，土壤微生物磷脂脂肪酸（PLFA）种类逐渐增多，16 年生态恢复样地达 14 种，i16:0、16:1ω7t、17:0、cy17:0、cy19:0 均有检出（表 5.7）。土壤微生物磷脂脂肪酸（PLFA）的组成以细菌的 16:1ω9 和 a17:0 为主，其相对多度分别高达 15.4% 和 16.2%，但二者的相对多度随生态恢复年限的延长呈降低趋势，17:0 等磷脂脂肪酸的相对多度趋于升高（表

5.7)。

表 5.7　喀斯特生态恢复过程中土壤微生物磷脂脂肪酸（PLFA）的相对多度（%）

	恢复年限				
	0 年	2 年	4 年	8 年	16 年
细菌					
i15:0	5.9	5.0	5.3	6.1	5.4
a15:0	4.3	6.3	5.9	4.9	5.8
15:0	2.2	9.1	7.7	6.0	7.2
i16:0	0.0	6.3	8.9	6.6	7.3
16:1ω9	31.8	14.0	12.4	10.8	7.9
16:1ω7t	0.0	8.4	7.8	6.3	7.2
i17:0	4.4	8.3	6.6	6.5	6.8
a17:0	36.4	13.9	12.1	11.0	7.7
17:0	0.0	7.5	6.1	5.2	10.3
cy17:0	0.0	0.0	5.8	6.2	5.5
cy19:0	0.0	0.0	0.0	5.0	6.2
腐生真菌					
18:2ω6	5.6	6.7	6.8	6.3	6.7
18:1ω9c	2.9	3.8	4.1	4.1	5.3
丛枝菌根真菌					
16:1ω5c	6.5	10.7	10.5	15.0	10.7

运用冗余度分析（RDA）解析底物资源和环境因子对土壤微生物磷脂脂肪酸群落组成的影响（图 5.20），结果显示：底物资源和环境因子可以解释土壤微生物群落组成 89.85% 的变化，轴 1 和轴 2 的解释量分别为 81.01% 和 8.84%。从各个变量来看，不同年限生态恢复样地被很好地区分开来，说明喀斯特生态恢复过程中土壤微生物群落组成、底物资源及环境因子发生明显变化。磷脂脂肪酸 cy17:0、a17:0 和 cy19:0 与 TOC、$R_{0.25}$、孔隙度和湿度之间具有较强的正相关关系，而其他磷脂脂肪酸相对与 RB 关系密切。

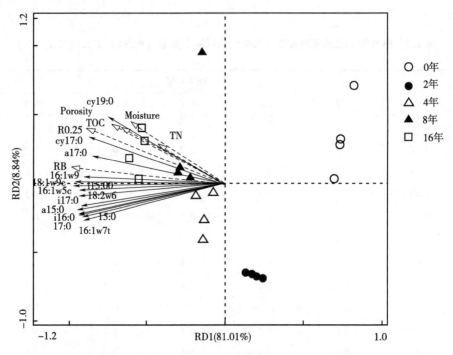

图 5.20　喀斯特生态恢复过程中微生物群落组成与底物资源及环境因子间的冗余分析

RB. 植物根系生物量；TOC. 总有机碳；TN. 全氮；R0.25. >0.25mm 团聚体比例；

Porosity. 孔隙度；Moisture. 湿度

　　土壤微生物群落的磷脂脂肪酸丰富度（SR）、优势度指数（λ）、均匀度指数（J′）和香农多样性指数（H′）分别在 3.11～4.11、0.06～5.36、0.76～1.00 和 1.67～2.68，平均分别为 3.58、1.72、0.94 和 2.36（图 5.21 至图 5.24）。

　　比较发现，7 月和 9 月，不同生态恢复年限土壤微生物丰富度指数（SR）均存在显著差异（P<0.05）（图 5.21）。其中，石漠化对照样地的土壤微生物丰富度指数最高，7 月和 9 月分别为 4.11 和 3.96，生态恢复后趋于降低，生态恢复 16 年土壤微生物丰富度指数 7 月和 9 月分别较对照样地降低 19.05% 和 21.5%。

　　比较发现，7 月和 9 月，不同生态恢复年限土壤微生物群落优势度指数（λ）均存在显著差异（P<0.05）（图 5.22）。其中，石漠化对照样地的土壤微

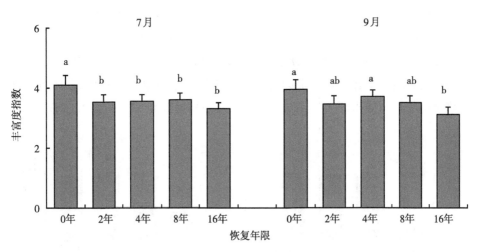

图 5.21 喀斯特生态恢复过程中土壤微生物群落丰富度指数（SR）的变化

竖线代表标准差；$n=4$；不同字母表示处理间差异显著（$P<0.05$）

生物优势度指数最高，7 月和 9 月分别为 5.14 和 5.36，之后随着生态恢复年限的延长呈逐渐降低趋势，生态恢复 16 年土壤微生物优势度指数 7 月和 9 月分别较对照样地降低 98.9% 和 98.3%。

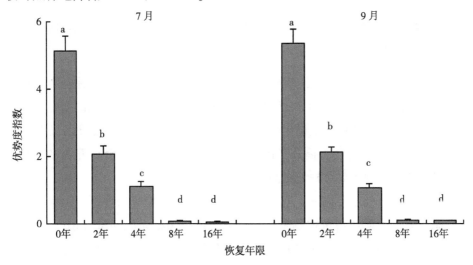

图 5.22 喀斯特生态恢复过程中土壤微生物群落优势度指数（λ）的变化

竖线代表标准差；$n=4$；不同字母表示处理间差异显著（$P<0.05$）

比较发现，7 月和 9 月，不同生态恢复年限土壤微生物群落均匀度指数（J'）均存在显著差异（$P<0.05$）（图 5.23）。与优势度指数的变化规律相反，石漠化对照样地的土壤微生物均匀度指数最低，7 月和 9 月分别仅为 0.79 和 0.76，之后随着生态恢复年限的延长总的来说趋于升高，生态恢复 16 年样地土壤微生物均匀度指数 7 月和 9 月分别较对照样地提高 24.1%和 32.7%。

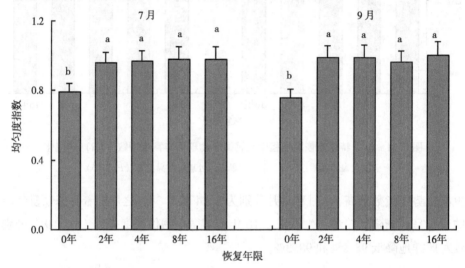

图 5.23　喀斯特生态恢复过程中土壤微生物群落均匀度指数（J'）的变化

竖线代表标准差；$n=4$；不同字母表示处理间差异显著（$P<0.05$）

比较发现，7 月和 9 月，不同生态恢复年限土壤微生物群落香农多样性指数（H'）均存在显著差异（$P<0.05$）（图 5.24）。与均匀度指数的变化规律相似，石漠化对照样地的土壤微生物香农多样性最低，7 月和 9 月分别仅为 1.67 和 1.73，生态恢复后显著提升，16 年生态恢复样地土壤微生物香农多样性指数 7 月和 9 月分别较对照样地提高 52.7%和 55.4%。

简单相关分析结果显示：退化喀斯特人工林生态恢复条件下，土壤微生物磷脂脂肪酸的类群数与植被物种数（VSN）和植物根系生物量（RB）之间均呈显著正相关关系；香农多样性指数也与植物根系生物量（RB）之间呈显著正相关关系；而优势度指数则与植被物种数（VSN）和植物根系生物量（RB）之间均存在显著负相关关系；其余指标之间无显著相关关系（表 5.8）。

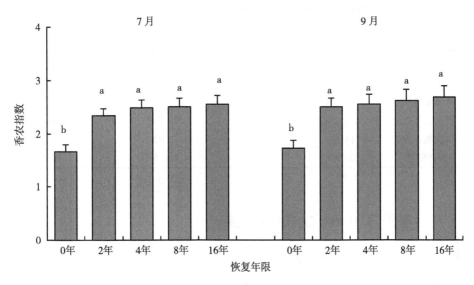

图5.24　喀斯特生态恢复过程中土壤微生物群落香农多样性指数（H'）的变化

竖线代表标准差；$n=4$；不同字母表示处理间差异显著（$P<0.05$）

表5.8　喀斯特生态恢复过程中土壤微生物多样性与植被多样性、

底物资源及环境因子的相关关系（$n=5$）

指标	VSN	RB	TOC	TN	$R_{0.25}$	湿度	孔隙度
类群数	0.898*	0.954*	0.770	0.681	0.861	0.739	0.807
丰富度指数	−0.792	−0.852	−0.744	−0.764	−0.728	−0.695	−0.733
优势度指数	−0.894*	−0.952*	−0.765	−0.676	−0.856	−0.733	−0.802
均匀度指数	0.698	0.825	0.536	0.474	0.647	0.486	0.567
香农指数	0.793	0.894*	0.642	0.568	0.748	0.599	0.676

注：VSN. 植被物种数；RB. 根系生物量；TOC. 土壤总有机碳；TN. 土壤全氮；$R_{0.25}$. >0.25mm 团聚体比例。* 和 ** 分别表示显著（$P<0.05$）和极显著（$P<0.01$）水平

　　典型对应分析-方差分解分析（CCA-VPA）结果显示：退化喀斯特人工林生态恢复过程中，底物资源、环境条件及其交互作用对土壤微生物类群数变异的贡献分别为 23.1%、14.3% 和 15.6%，对丰富度指数变异的贡献分别为 14.3%、14.6% 和 11.7%，对优势度指数变异的贡献分别为 30.2%、25.6% 和 21.4%，对均匀度指数变异的贡献分别为 11.6%、15.4% 和 12.8%，对香农多样性指数变异的贡献分别为 27.6%、14.2% 和 17.1%（表5.9）。

表 5.9　喀斯特生态恢复过程中底物资源、环境因子及其交互作用对土壤

微生物多样性的相对贡献——基于 CCA-VPA 分析（$n=5$）

指标	资源	环境因子	资源×环境因子	未解释
类群数	23.1%	14.3%	15.6%	47.0%
丰富度指数	14.3%	14.6%	11.7%	59.4%
优势度指数	30.2%	25.6%	21.4%	22.8%
均匀度指数	11.6%	15.4%	12.8%	60.2%
香农指数	27.6%	14.2%	17.1%	41.1%

八、基于 PLFA 分析的微生物生物量

在本研究中，土壤细菌的 PLFAs 含量在 $3.88 \sim 46.5$ nmol · g^{-1}，平均为 21.7 nmol · g^{-1}（图 5.25）。比较发现，喀斯特不同生态恢复年限土壤细菌 PLFAs 含量存在显著差异（$P<0.05$）。和微生物生物量及基础呼吸的变化规律一致，随着喀斯特生态恢复年限的延长，两次采样（7 月和 9 月）的土壤细菌 PLFAs 含量均呈明显的升高趋势。较对照样地相比，恢复 16 年样地的土壤细菌 PLFAs 含量显著增加到 7.2 倍（7 月）和 9.0 倍（9 月）。总的来说，7 月土壤细菌 PLFAs 含量均略高于 9 月。

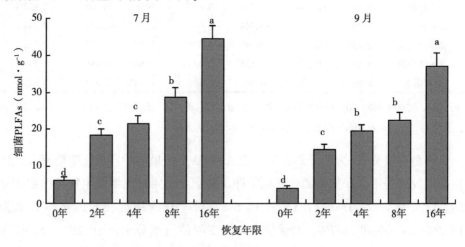

图 5.25　喀斯特生态恢复过程中土壤细菌生物量（PLFAs）的变化

竖线代表标准差；$n=4$；不同字母表示处理间差异显著（$P<0.05$）

分析土壤革兰氏阳性：阴性细菌比例（G+/G-）（图 5.26）表明，喀斯特生态恢复过程中的 G+/G- 值存在显著差异（$P<0.05$），呈先高后低的变化趋势，前期（0~4 年）较高达 1.5，后 4 年下降至 1.2，总体上随着喀斯特生态恢复年限的延长的 G+/G- 值呈下降趋势。

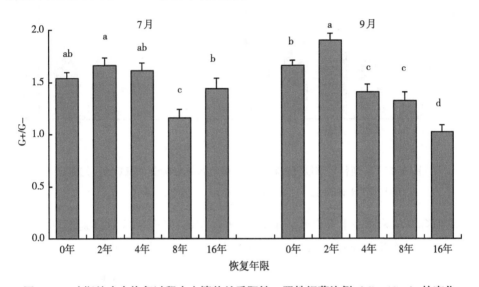

图 5.26 喀斯特生态恢复过程中土壤革兰氏阳性：阴性细菌比例（G +/G -）的变化

竖线代表标准差；$n=4$；不同字母表示处理间差异显著（$P<0.05$）

土壤腐生真菌 PLFAs 含量在 0.38~7.22nmol·g^{-1}，平均为 3.22nmol·g^{-1}（图 5.27）。比较发现，喀斯特不同生态恢复年限土壤腐生真菌 PLFAs 含量存在显著差异（$P<0.05$）。和微生物生物量、基础呼吸及细菌 PLFAs 含量的变化规律一致，随着喀斯特生态恢复年限的延长，两次采样（7 月和 9 月）的土壤腐生真菌 PLFAs 含量均呈逐渐上升趋势。较对照样地相比，恢复 16 年样地的土壤腐生真菌 PLFAs 含量显著增加到 11.2 倍（7 月）和 15.2 倍（9 月）。总的来说，7 月土壤腐生真菌 PLFAs 含量均略高于 9 月。

丛枝菌根真菌 PLFAs 含量在 0.24~6.33nmol·g^{-1}，平均为 3.23nmol·g^{-1}（图 5.28）。比较发现，喀斯特不同生态恢复年限丛枝菌根真菌 PLFAs 含量存在显著差异（$P<0.05$）。和细菌、腐生真菌 PLFAs 含量的变化规律基本一致，随着喀斯特生态恢复年限的延长，两次采样（7 月和 9 月）的丛枝菌根真菌

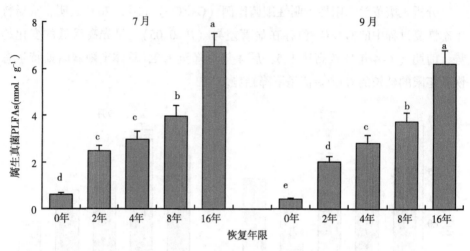

图 5.27 喀斯特生态恢复过程中土壤腐生真菌生物量（PLFAs）的变化

竖线代表标准差；$n=4$；不同字母表示处理间差异显著（$P<0.05$）

PLFAs 含量均总体呈上升趋势。较对照样地相比，恢复 16 年样地的丛枝菌根真菌 PLFAs 含量显著增加到 13.0 倍（7月）和 19.7 倍（9月）。

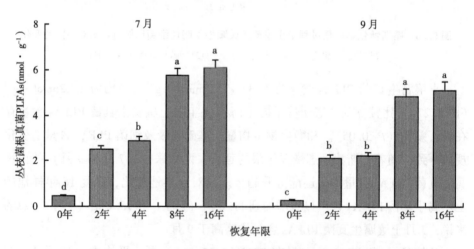

图 5.28 喀斯特生态恢复过程中土壤丛枝菌根真菌生物量（PLFAs）的变化

竖线代表标准差；$n=4$；不同字母表示处理间差异显著（$P<0.05$）

总的微生物 PLFAs 含量在 $4.26 \sim 53.7$ nmol·g^{-1}，平均为 25.0 nmol·g^{-1}（图 5.29）。比较发现，喀斯特不同生态恢复年限总的微生物 PLFAs 含量存在

显著差异（$P<0.05$）。随着喀斯特生态恢复年限的延长，两次采样（7月和9月）总的微生物PLFAs含量均总体呈上升趋势。较对照样地相比，恢复16年样地总的微生物PLFAs含量显著增加到7.6倍（7月）和9.6倍（9月）。

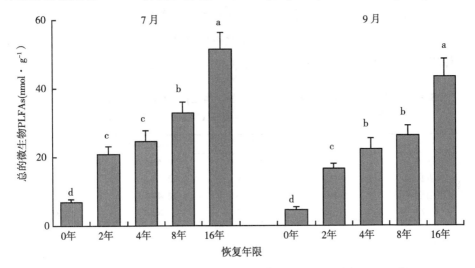

图5.29　喀斯特生态恢复过程中土壤总的微生物生物量（PLFAs）的变化

竖线代表标准差；$n=4$；不同字母表示处理间差异显著（$P<0.05$）

简单相关分析结果显示：退化喀斯特人工林生态恢复条件下，细菌、腐生真菌PLFAs含量与植物根系生物量（RB）、TOC、TN、$R_{0.25}$、湿度和孔隙度之间均呈显著或极显著正相关关系；除了TN之外，微生物总的PLFAs含量与各项指标之间也具有显著或极显著正相关关系；AMF生物量与植物根系生物量（RB）、土壤湿度、孔隙度之间均存在显著的正相关关系（表5.10）。

表5.10　喀斯特生态恢复过程中土壤微生物PLFA含量与资源（底物、宿主）及环境因子的相关关系（$n=5$）

指标	RB	TOC	TN	$R_{0.25}$	湿度	孔隙度
细菌	0.946*	0.947*	0.940*	0.930*	0.901*	0.928*
腐生真菌	0.930*	0.934*	0.881*	0.930*	0.937*	0.962**
丛枝菌根真菌	0.955*	0.938*	0.927*	0.916*	0.891*	0.921*
总的微生物	0.971**	0.907*	0.831	0.930*	0.892*	0.935*

注：RB. 根系生物量；TOC. 土壤总有机碳；TN. 土壤全氮；$R_{0.25}$. >0.25mm团聚体比例；* 和 ** 分别表示显著（$P<0.05$）和极显著（$P<0.01$）水平

典型对应分析-方差分解分析（CCA-VPA）结果显示：退化喀斯特人工林生态恢复过程中，底物资源、环境条件及其交互作用对细菌生物量变异的贡献分别为27.6%、24.4%和26.4%，对腐生真菌生物量变异的贡献分别为31.3%、25.5%和22.1%，对总的微生物生物量变异的贡献分别为33.6%、19.8%和27.8%；宿主资源（RB）、环境条件（$R_{0.25}$、湿度、孔隙度）及其交互作用对AMF生物量变异的贡献分别为35.4%、29.2%和22.4%（表5.11）。

表5.11　喀斯特生态恢复过程中资源（底物、宿主）、环境因子及其交互作用对土壤微生物PLFAs的相对贡献——基于CCA-VPA分析（$n=5$）

指标	资源	环境因子	资源×环境因子	未解释
细菌	27.6%	24.4%	26.4%	21.6%
腐生真菌	31.3%	25.5%	22.1%	21.1%
丛枝菌根真菌	35.4%	29.2%	22.4%	13.0%
总的微生物	33.6%	19.8%	27.8%	18.8%

九、真菌：细菌比例（F/B）

在本研究的喀斯特土壤中，真菌：细菌比例（F/B）在0.09~0.18，平均为0.14（图5.30）。比较发现，喀斯特不同生态恢复年限土壤真菌：细菌比例

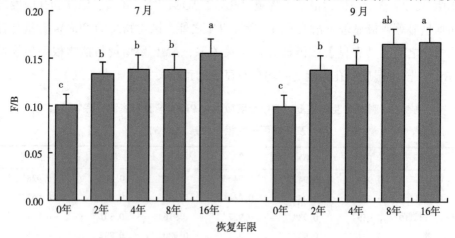

图5.30　喀斯特生态恢复过程中土壤真菌：细菌比例（F/B，真菌PLFAs：细菌PLFAs）的变化

竖线代表标准差；$n=4$；不同字母表示处理间差异显著（$P<0.05$）

（F/B）存在显著差异（$P<0.05$），在两个采样季节真菌：细菌比例（F/B）随着恢复年限的延长均趋于升高。较石漠化对照样地相比，16 年生态恢复样地的土壤真菌：细菌比例（F/B）显著提高 55.1%（7 月）和 68.4%（9 月）。

线性回归分析结果显示：退化喀斯特人工林生态恢复过程中，土壤真菌：细菌比例（F/B）与植物根系 N 含量之间存在极显著的线性负相关关系（$R^2=0.9010$，$P<0.01$），而与 C/N 比（$R^2=0.8288$，$P<0.05$）和木质素含量（$R^2=0.8477$，$P<0.01$）之间均存在显著或极显著的线性正相关关系（图 5.31）。

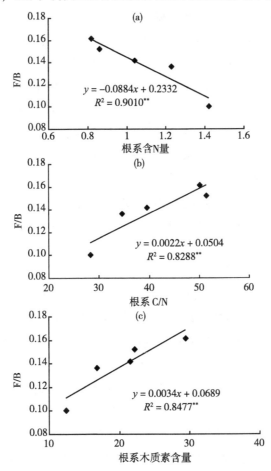

图 5.31 喀斯特生态恢复过程中土壤真菌：细菌比例（F/B，真菌 PLFAs：细菌 PLFAs）与根系含 N 量（a）、C/N 比（b）和木质素含量（c）的相关关系

$n=5$；*和**分别表示显著（$P<0.05$）和极显著水平（$P<0.01$）

第三节　生态恢复对微生物群落大小和活性的影响

本研究中，随着喀斯特植被恢复年限的延长，土壤微生物生物量（MBC、MBN、磷脂脂肪酸含量）、基础呼吸（BR）和酶活性［β-葡萄糖苷酶（BG）、乙酰氨基葡萄糖苷酶（NAG）、亮氨酸氨基肽酶（LAP）］总的来说均趋于升高，说明土壤微生物群落大小和活性得以恢复。Cao 等（2008）也报道过类似的结果，其在科尔沁沙地的研究发现：随着植被恢复年限的延长，土壤微生物生物量和酶活性逐渐升高。植物根系和土壤有机碳、氮是微生物生长繁殖的重要能源、碳源和养分来源（Lou et al.，2011），这些底物资源的增加势必直接促进微生物的生长和活动。土壤孔性和湿度是影响土壤微生物活动的重要环境因子：较高的土壤孔隙度通常意味着较好的通气性能，有利于微生物的生长活动（Marinari et al.，2000）；在一定范围内，土壤微生物活性随湿度的增加而增强。本研究的简单相关分析结果表明，喀斯特生态恢复过程中，微生物生物量（MBC、MBN）及磷脂脂肪酸含量、基础呼吸（BR）及各个酶活性均与 TOC 等底物因子和孔隙度等环境因子绝大多数指标之间呈显著或极显著正相关关系。可见，本研究的喀斯特生态恢复过程中土壤微生物群落大小和活性的增加，主要归因于底物资源的增多和土壤环境条件的改善。为了区分评价底物资源、环境条件及其交互作用对土壤微生物群落大小、活性的驱动效应，运用典型对应分析-方差分解分析（CCA-VPA）进行解析，根据分析结果，总的来说底物资源的贡献（25.1%～41.4%，平均为30.9%）大于环境条件的贡献（22.5%～34.1%，平均为27.9%），这说明喀斯特生态恢复过程中，底物资源是土壤微生物群落大小及活性演变的相对主要驱动因子。

在指示土壤肥力变化上，土壤微生物生物量和活性通常比 TOC 等化学指标更加敏感（Plaza et al.，2004），短期的土壤微生物指标监测往往能够反映土壤 TOC 的长期变化趋势。我们的研究结果同样支持了这一观点：喀斯特植被恢复 8 年后土壤 TOC 才发生显著的增加，而植被恢复 2 年后就显著刺激了土壤微生物生物量（MBC、MBN、磷脂脂肪酸含量）和活性（BR、酶活性）。喀斯特植被恢复过程中，土壤微生物生物量和活性可以作为土壤有机碳积累的早期指标。在喀斯特植被恢复的早期阶段，尽管总有机碳（TOC）未发生显著变化，但其易分解的活性碳组分（如可溶性有机碳、颗粒有机碳等）可能显著增加（Leifeld & Kögel-Knabner，2005；Xu et al.，2011），这种底物有效性的增加更能促进微生物的活性（Cao et al.，2008）。

　　丛枝菌根真菌（arbuscular mycorrhizas fungi，AMF）是普遍存在的一种共生真菌，可以和80%的陆地植物形成共生体，并以其通常在根系皮层细胞内形成"丛枝"状结构而得名。AMF 能够改善宿主的营养状况（特别是促进磷素的吸收），有利于植物生长发育（Jeffries et al.，2003；Gosling et al.，2006；Smith & Read，2008），也可增强植物的抗病性（Sikes et al.，2009）和抵抗不良环境胁迫的能力（包括抗旱、抗寒、抗盐碱）（Goicoechea et al.，1997；Augé et al.，2001；刘佳，2006；金樑等，2007），而且还在改良土壤结构、促进土壤蓄碳（Wilson et al.，2009）、减少养分损失（van der Heijden，2010）、修复土壤污染（王发园等，2004；刘世亮等，2004；González-Chávez et al.，2004）等方面有着重要意义。总之，AMF 在维持生物多样性和生态系统功能上，以及在生态系统演替和恢复/重建中都发挥着重要的作用。在本研究中，随着喀斯特生态恢复年限的延长，AMF 生物量逐渐增加，其原因可能是由于宿主植物的恢复和土壤环境条件的改善。从简单相关分析结果来看，喀斯特生态恢复过程中，AMF 生物量与植物根系生物量（RB）、土壤湿度、孔隙度之间均存在显著的正相关关系。AMF 是好气性真菌，土壤通气良好有利于菌丝生长和孢子的产生（刘佳，2006），较高的土壤孔隙度意味着较好的通气性能。进一步的典型对应分析-方差分解分析（CCA-VPA）结果显示：喀斯特生态恢复过程中，宿主资源（RB）、环境条件（湿度、孔隙度）及其交互作用对 AMF 生物量变异的贡献分别为35.4%、29.2%和22.4%，说明宿主资源是喀斯特生态恢复过程中 AMF 演变的首要驱动因子。AMF 能够指示石漠化喀斯特的生态恢复过程，反过来，AMF 也可能是喀斯特植被恢复的参与者和推动者（Aikio et al.，2000；Barni & Siniscalce，2000）。一方面，AMF 的恢复可以协助喀斯特植被吸收矿质养分和水分，特别是在养分、水分十分缺乏的演替初期（梁宇等，2002）；另一方面，AMF 的恢复可能促进土壤团聚结构（Dodd，2000），从而促进植物生长和植被恢复，例如，本研究中 AMF 生物量与土壤孔隙度之间的正相关关系，也可能说明土壤孔隙度的恢复是 AMF 作用下土壤团聚结构改善的结果。所以，本研究中 AMF 生物量与植物根系生物量（RB）的正相关关系，也可能反映了前者对后者的驱动作用，说明 AMF 的恢复对于喀斯特植被恢复起到推动作用，二者发生协同演替。

第四节 生态恢复对微生物熵、呼吸熵和 特征酶活性的影响

土壤微生物熵（MBC/TOC）和呼吸熵（qCO_2）通常被作为生态生理指标联合使用来评价环境胁迫（Anderson，2003；Tripathi et al.，2006；Wong et al.，2008）。当受到环境胁迫时，土壤微生物需要消耗更多的能量来维持其自身的生长和生物量形成［即"维持能量需求（maintenance energy requirement）"增加］，并必然伴随着对底物碳的利用效率的降低，进而表现出较高的呼吸熵（qCO_2）和较低的微生物熵（MBC/TOC）（Anderson，2003）。Anderson 在森林土壤微生物对酸化胁迫的响应研究基础上，提出微生物熵（MBC/TOC）和呼吸熵（qCO_2）的关键临界值为 2.0：当 $qCO_2 > 2.0$，MBC/TOC(%)<2.0 时，表明微生物受到环境胁迫（Anderson，2003）。在本研究中，石漠化对照样地的土壤微生物熵（MBC/TOC,%）最低，且<2.0，而呼吸熵（qCO_2）最高，且>2.0，反映了石漠化的胁迫环境；之后随着喀斯特生态恢复年限的延长，微生物熵趋于升高，而呼吸熵趋于降低，这是由于喀斯特生态恢复后的底物资源和土壤环境条件逐渐得到恢复改善，故胁迫作用逐渐减少。土壤微生物生物量的增加必然导致酶活性的增强，所以，在本研究的喀斯特生态恢复过程中，土壤微生物熵的提高伴随着特征酶活性（基于土壤有机质的酶活性）的提高。可见，特征酶活性可以联合微生物熵、微生物呼吸熵一起作为环境胁迫的生理生态指标。

真菌较细菌相比具有较高的底物利用效率和较低的呼吸熵，所以土壤微生物群落结构特别是真菌：细菌比例的变化通常可以改变微生物呼吸熵及微生物熵（Anderson，2003；Allison et al.，2007）。在本研究中，随着喀斯特生态恢复年限的延长，土壤真菌：细菌比例（F/B）趋于升高，且线性回归分析结果显示，土壤呼吸熵（qCO_2）与真菌：细菌比例（F/B）之间存在显著或极显著负相关关系，这说明喀斯特生态恢复过程中土壤微生物群落结构

是微生物熵和呼吸熵变化的重要驱动因子。此外，根据 Odums 理论，在群落水平上，较高的微生物物种多样性有望产生较低的群落呼吸（Anderson，2003），而在单位微生物生物量碳的基础上，呼吸的减少必然导致更多的碳用于微生物生长和生物量形成。所以，在本研究的喀斯特生态恢复过程中，土壤微生物呼吸熵的降低以及微生物熵的升高，可能意味着土壤微生物群落的物种多样性趋于升高（Benizri & Amiaud，2005）。今后应当采用高通量测序等分子技术手段，进一步分析研究喀斯特生态恢复过程中土壤微生物多样性的变化。

抛开呼吸熵，土壤微生物熵单独也可反映底物的生物有效性，并和环境条件密切相关。通常情况下，底物资源的质量越高（例如底物的 C/N 比、木质素、纤维素含量较低，N 含量较高），生物有效性越高，微生物熵越高。然而，在本研究中，从底物资源（植物根系）的这些化学指标来看，其质量和生物有效性是趋于降低的，故不能用来解释微生物熵的变化。从简单相关分析结果来看，喀斯特生态恢复过程中，MBC/TOC 与孔隙度之间呈显著正相关关系，MBC/TN 与湿度、孔隙度之间亦均呈显著正相关关系，基于土壤有机质的乙酰氨基葡萄糖苷酶活性与 $R_{0.25}$ 之间呈显著正相关关系，这说明土壤环境条件的恢复改善刺激了微生物活性，导致其对底物的利用效率的提高，从而提高了土壤微生物熵和特征酶活性。

第五节　生态恢复对微生物群落组成和多样性的影响

基于底物资源、环境因子和土壤微生物磷脂脂肪酸群落组成的冗余度分析（RDA）结果显示，不同年限生态恢复样地被很好地区分开来，说明喀斯特生态恢复过程中土壤微生物群落组成、底物资源及环境因子发生显著变化。其中，土壤微生物磷脂脂肪酸（PLFA）的组成以细菌的 16:1ω9 和 a17:0 为主，其相对多度分别高达 15.4% 和 16.2%，但二者的相对多度随生态恢复年限的延长呈降低趋势，而 17:0 等磷脂脂肪酸的相对多度趋于升高，这说明 16:1ω9 和 a17:0 对喀斯特生态恢复的响应相对不敏感，对喀斯特退化胁迫的耐受性较强。而 17:0 等微生物则对喀斯特退化相对敏感，特别是在喀斯特石漠化样地未检出 i16:0、16:1ω7t、17:0、cy17:0、cy19:0，而随着生态恢复年限的延长，土壤微生物磷脂脂肪酸的种类逐渐增多，16 年生态恢复样地达 14 种，i16:0、16:1ω7t、17:0、cy17:0、cy19:0 均有检出，说明微生物多样性显著提高。此外，16:1ω9 和 a17:0 两个优势类群相对多度的降低和 17:0 等其他类群相对多度的升高，促进各类群的相对均匀分配，从而提高了微生物的均匀度指数、香农指数而降低了优势度指数，提高微生物多样性。

冗余度分析（RDA）结果也显示，底物资源和环境因子可以解释土壤微生物群落组成 89.85% 的变化，说明喀斯特生态恢复过程中，植物根系、有机质等底物资源的增多和土壤孔隙度、湿度的提高驱动了微生物群落组成的演变。从简单相关分析和 CCA-VPA 分析结果来看，喀斯特生态恢复过程中土壤微生物多样性的提高主要归因于植被多样性的提高和底物资源的增多。通常情况下，地上植被和地下生物之间关系密切，地上植物多样性会影响底物质量多样化，进而促进微生物多样性。

第六节　生态恢复对微生物群落结构和生态化学计量的影响

土壤有机质的分解主要包括细菌和真菌两大通道。真菌分解的速率较慢，底物利用效率较高，碳损失较少，对于土壤蓄碳和生态系统功能的维持较为重要，所以分解通道比例（真菌：细菌）是衡量生态系统可持续性的重要指标。本研究结果表明，石漠化喀斯特的人工林生态恢复过程中，土壤有机质的分解通道相对趋向于以真菌分解为主。这与其他学者的研究结果类似：Kardol 等（2005）指出，农耕地撂荒后，土壤分解通道从以细菌分解为主转向以真菌分解为主；Hohberg（2003）发现大多数林地恢复土壤的真菌在分解通道中占主导地位；Yannikos（2014）等和 Deng（2015）等研究表明，林地恢复土壤的真菌：细菌比例高于农田土壤。影响土壤微生物群落结构的因素，通常包括底物资源的质量、土壤温度、湿度、pH、通气性、团聚结构和耕作扰动等（Zhang et al.，2005；Yuste et al.，2011；Ugarte et al.，2013；Zhao & Neher，2014；Deng et al.，2015；Zhang et al.，2015）。在有机物分解中，真菌相对倾向于利用质量较低的底物（如底物的 C：N、木质素、纤维素含量较高，N 含量较低）；土壤团聚性的增加往往有利于真菌的生长繁殖，伴随着相对较高的真菌比例（Helgason et al., 2010；Ding et al., 2011）；耕作扰动对土壤真菌的破坏较大，可以导致细菌比例的升高（Zhang et al., 2015）；真菌作为好气性生物（Ding et al., 2011），对于土壤通气性的响应更加敏感，通气性较好的土壤更有利于真菌的生长繁殖（Zhang et al., 2015）。本研究的线性回归分析结果显示，土壤真菌：细菌比例（F/B）与植物根系 N 含量之间存在极显著的线性负相关关系，而与 C/N 比和木质素含量之间均存在显著或极显著的线性正相关关系。所以，石漠化喀斯特人工林生态恢复过程中，植物残体（底物）质量的降低（表现为 N 含量降低、C/N 比和木质素含量增加），是导致真菌：细菌比例升高的主要驱动因子。此外，土壤团聚性和通气性的改善（表现为孔隙度的增加）以及耕作扰动的消失也可能起到一定的作用。

在系列土壤微生物群落调查中，人们发现土壤微生物生物量 C/N 比平均为 8.6（Cleveland & Liptzin, 2007），这与本研究的喀斯特土壤微生物生物量 C/N 比接近。生物的内稳性是生态化学计量的重要科学问题之一：当食物资源的化学组成（C：N：P）发生变化时，如果生物保持稳定的 C：N：P，则说明其是内稳的；非内稳生物则呈现出相应变化的 C：N：P（Sterner & Elser, 2002）。在本研究中，随着喀斯特植被恢复年限的延长，土壤微生物生物量 C/N 比趋于升高，且线性回归分析结果显示，微生物生物量 C/N 比（MBC/MBN）与植物根系 C/N 比和土壤 C/N 比（TOC/TN）比之间均呈显著正相关关系，反映了喀斯特土壤微生物对资源化学计量的适应性响应。喀斯特植被恢复过程中，土壤微生物表现出非内稳性，微生物可以通过额外吸收更多的碳源来形成较高的 C/N 比（Wilson et al., 2010；Achbergerová & Nahalka, 2011；Heuck et al., 2015）。土壤微生物的这种化学计量变异可见其他许多研究报道（Wilson et al., 2010；Strickland & Rousk, 2010；Li et al., 2012）。此外，随着喀斯特植被恢复年限的延长，土壤真菌：细菌比例（F/B）趋于升高，这也可能导致土壤微生物 C/N 比升高，因为真菌的 C/N 比要明显高于细菌（Strickland & Rousk, 2010）。线性回归分析结果显示，9月的土壤微生物生物量碳：氮比（MBC/MBN）与真菌：细菌比例（F/B）之间存在显著正相关关系。土壤微生物通过生产胞外酶以催化有机物的降解，进而为自身提供有效底物资源。所以，特定资源相关的酶活性可以反映微生物对该资源的需求大小，而不同资源相关的酶活性比例则可能反映微生物对不同资源的相对需求。在本研究的喀斯特生态恢复过程中，土壤特征酶活比［BG/（NAG+LAP）］的升高恰好反映了微生物对碳的相对需求高于氮（即微生物 C/N 比升高）。

第七节　本章小结

在本研究的退化喀斯特人工林生态恢复过程中，土壤微生物群落特征发生显著变化，归结为以下几个方面。

（1）微生物生物量碳、氮含量增加，细菌、腐生真菌、丛枝菌根真菌（AMF）磷脂脂肪酸（PLFAs）含量趋于增加，基础呼吸和 β-葡萄糖苷酶（BG）、乙酰氨基葡萄糖苷酶（NAG）、亮氨酸氨基肽酶（LAP）活性趋于增强，说明喀斯特生态恢复后土壤微生物群落大小和活性得以恢复。这归因于植物根系、土壤有机质等底物资源数量的增多和孔隙度、湿度等环境条件的改善，根据 CCA-VPA 的分析结果，总的来说底物资源是微生物群落大小和活性的相对主要驱动因子。

（2）喀斯特生态恢复过程中，土壤微生物磷脂脂肪酸组成发生显著变化，且类群数逐渐增多，均匀度指数和香农指数也有升高趋势，而优势度指数逐渐降低，表明土壤微生物多样性提高，相关分析表明其多样性的提高主要归因于植被多样性的提高和底物资源的改善。

（3）对照样地的土壤微生物熵小于 2.0，而呼吸熵（qCO_2）数值大于 2.0，反映了石漠化的胁迫生境；生态恢复后微生物熵和特征酶活性（基于土壤有机质的酶活性）趋于升高而呼吸熵趋于降低，说明喀斯特生态环境得到逐渐改善，胁迫作用减弱。呼吸熵的变化也与微生物群落结构［真菌：细菌比例（F/B）］的改变有关。特征酶活性可以联合微生物熵、呼吸熵一起作为喀斯特生态恢复的微生物生理生态指标。

（4）与植被根系 C/N 比和土壤 C/N 比的变化规律一致，微生物 C/N 比亦呈升高趋势，表明微生物对资源化学计量的适应性响应。与此同时，特征酶活比［BG/（NAG+LAP）］也趋于升高，反映了微生物对资源相对需求的变化。微生物生物量 C/N 比的变化也与微生物群落结构［真菌：细菌比例（F/B）］的改变有关。

（5）由于根系资源的质量（可分解性）趋于降低（表现为 C/N 和木质素含量趋于增加，而 N 含量趋于减少），相对更加有利于真菌的分解利用，所以真菌∶细菌比例（F/B）总体呈升高趋势，说明土壤腐屑食物网倾向于相对以真菌分解通道为主转变。

第六章 喀斯特生态恢复土壤原生动物群落的演变

土壤原生动物作为微食物网的重要功能群之一，通常对环境变化和干扰的响应十分敏感，而且在土壤微生态系统中发挥着重要的生态功能，包括土壤有机质分解、养分循环、生态系统维持等，对土壤肥力和环境质量起到很好的指示作用。石漠化喀斯特人工林生态恢复过程中，由于地下食物资源（微生物）的增多以及土壤环境条件（湿度、孔隙度等）的改善，所以土壤原生动物的群落大小和多样性可能趋于增加。所以，本研究以广西环江典型喀斯特系统为代表，采用空间序列代替时间序列的方法，选取相对邻近的（石漠化对照样地）和系列年限香椿树人工林生态恢复样地，通过野外实地取样和实验室测定分析，研究了退化喀斯特生态恢复过程中土壤原生动物群落组成、多样性和大小的演变特征；结合地下食物资源和土壤湿度、孔隙度等环境条件，运用冗余分析和典型对应分析-方差分解分析（CCA-VPA）等先进的多元统计分析手段，研究探讨喀斯特生态恢复过程中土壤原生动物群落的演变机制和主要驱动因子。

第一节 材料与方法

一、供试土壤

和微生物分析的取样一致，在研究样地的每个样方内，分别于 2014 年 7 月和 9 月去除地表凋落物和腐殖质层后，采用土铲、土钻、剖面刀等工具，通过"S"形多点（8~10 个点）混合取样法采取表层（0~10cm）土壤样品。剔除可见的石头、动植物残体等物质后过 2mm 筛，测定含水量，4℃保鲜备用。

二、分析方法

采用三级 10 倍环式稀释法培养计数原生动物（孙炎鑫等，2003；尹文英，1992）。称取相当于 10g 烘干土重的新鲜土样，加入 90mL 无菌水和 5 个玻璃珠，充分振荡（150~170 转·分钟$^{-1}$，30 分钟），按照 10 倍稀释法，依次制备 10^{-2}、10^{-3} 和 10^{-4} 土壤悬液。分别吸取 1mL 于盐水培养基的玻璃环中，黑暗条件下培养 4 天（26~28 ℃），在显微镜下观察鉴定并计数（300×），根据形态学特征及运动特征鉴定至目水平，原生动物数量以 1g 烘干土的原生动物个数来表示。假定原生动物为一个球体状，其中鞭毛虫、纤毛虫和肉足虫的体积分别为 50μm^3、300μm^3 和 1500μm^3，比重为 $1×10^{-13}$ g · μm^{-3}，干重为鲜重的 20%，C 含量为干重的 50%，从而计算原生动物生物量碳（Berg et al.，2001；Bouwman & Zwart，1994）。

主要通过原生动物目的丰富度和均匀度等常用多样性指数来衡量原生动物的物种多样性。衡量指数：物种丰富度（Species richness）$SR = (S-1)/\ln N$（其中 S 为鉴定分类单元的数目，N 为原生动物总数）；香农多样性指数（Shannon diversity index）$H' = -\Sigma p_i (\ln p_i)$（$p_i$ 为各分类单元所占的比例）；均匀度指数（Evenness index）$J' = H'/H'_{max}$（$H'_{max} = \ln S$）；优势度指数（Dominance index）$\lambda = \Sigma p_i^2$。

三、数据处理

运用 SPSS 13.0 软件对有关数据进行单因素方差分析（ANOVA）、简单相关分析和线性回归分析，评价人工林生态恢复年限对各指标的影响以及某些指标间的相关关系，$P<0.05$ 为差异显著，简单相关分析时的土壤生物学指标取两个月的平均值。在 Canoco 软件下运用冗余分析（RDA），评价土壤原生动物各个目（取两个月的平均值）与诸多环境因子（根系生物量、土壤有机碳、土壤有机碳氮、湿度、孔隙度等）间的关系。在 R 语言下运用典型对应分析-方差分解分析（CCA-VPA），定量解析不同影响因子对土壤原生动物群落指标（取两个月的平均值）的相对贡献。

第二节　结果与分析

一、群落组成

研究期间，共鉴定到土壤原生动物目 22 个，其中鞭毛虫包括动基体目（Kinetoplastida）、金滴目（Chrysomonadida）、眼虫目（Euglenida）等 8 个目，肉足虫包括变形目（Amoebida）、表壳目（Arcellinida）等 4 个目，纤毛虫包括下毛目（Hypotrichida）、前口目（Prostomatida）、肾形目（Colpodida）等 10 个目（表 6.1）。在石漠化对照样地，一些原生动物 [如隐滴目（Cryptomonadida）、腰鞭目（Dinoflagellida）、团虫目（Volvocida）、网足目（Cromiida）、缘毛目（Peritrichida）、合膜目（Synhymcniida）等] 未鉴定到，并只记录到 16 个目。随着人工林恢复年限的延长，这些未鉴定到的原生动物逐渐恢复存在，16 年恢复样地土壤原生动物目的数量增加至 22 个。动基体目（Kinetoplastida）、变形目（Amoebida）、表壳目（Arcellinida）和下毛目（Hypotrichida）4 个类群是石漠化样地的优势类群，之后随着喀斯特生态恢复年限的延长其相对多度趋于降低，生态恢复 2 年后仅剩下变形目（Amoebida）和下毛目（Hypotrichida）2 个优势类群，之后 4 个类群的优势地位均消失，而金滴目（Chrysomonadida）的相对多度在 16 年生态恢复样地显著提高，成为优势类群。

表 6.1　喀斯特生态恢复过程中土壤原生动物的相对多度　（单位:%）

目	缩写	恢复年限				
		0 年	2 年	4 年	8 年	16 年
鞭毛虫 Mastigophora						
Kinetoplastida	Kin	10.2	8.8	7.7	7.3	7.0
Chrysomonadida	Chr	7.9	7.8	7.3	6.8	10.3
Euglenida	Eug	8.6	7.5	7.1	6.4	5.6
Cercomonadida	Cer	3.6	4.0	3.9	5.5	4.2
Cryptomonadida	Cry	0.0	1.9	3.6	3.6	3.9

（续表）

目	缩写	恢复年限				
		0 年	2 年	4 年	8 年	16 年
Pelobiontida	Pel	1.6	1.9	2.6	2.6	3.2
Dinoflagellida	Din	0.0	0.0	1.7	2.3	1.8
Volvocida	Vol	0.0	1.9	2.4	2.5	2.6
肉足虫 Sarcodina						
Amoebida	Amo	13.6	10.3	9.0	7.3	7.0
Arcellinida	Arc	10.5	9.6	8.8	6.9	6.1
Schizopyrenida	Sch	1.6	2.1	3.4	3.5	3.3
Cromiida	Cro	0.0	0.0	0.0	2.5	2.9
纤毛虫 Ciliophora						
Hypotrichida	Hyp	13.6	11.0	8.4	6.3	6.3
Prostomatida	Pro	7.2	7.8	7.1	7.2	9.1
Colpodida	Col	6.3	5.9	5.2	4.8	4.1
Pleurostomatida	Ple	3.9	3.7	3.0	3.5	3.3
Nassulida	Nas	3.6	4.3	4.1	4.3	4.4
Cyrtophorida	Cyr	2.6	3.5	3.6	4.8	2.4
Hymenostomatida	Hym	3.9	3.5	3.4	2.5	2.4
Scuticociliatida	Scu	1.3	2.1	2.6	2.8	3.2
Peritrichida	Per	0.0	2.4	3.2	3.1	3.3
Synhymeniida	Syn	0.0	0.0	1.9	3.5	3.6

运用冗余度分析（RDA）解析食物资源和环境因子对土壤原生动物群落组成的影响（图 6.1），结果显示：食物资源和环境因子可以解释土壤原生动物群落组成 79.69% 的变化，轴 1 和轴 2 的解释量分别为 76.50% 和 3.19%。从各个变量来看，不同年限生态恢复样地被很好地区分开来，说明喀斯特生态恢复过程中土壤原生动物群落组成、食物资源及环境因子发生明显变化。细菌（BB）、腐生真菌（FB）、丛枝菌根真菌（AMFB）、$R_{0.25}$、孔隙度、湿度与轴 1 显著正相关，且与原生动物管口目（Cyrtophorida）、网足目（Cromiida)、裂芡目（Schizopyrenida）、泥生目（Pelobiontida）、盾纤目（Scuticocili-atida）、金滴目（Chrysomonadida）等有相对较好的正相关关系，而原生动物变形目（Amoebida）和下毛目（Hypotrichida）在食物资源较低和环境条件较差的区域分布。

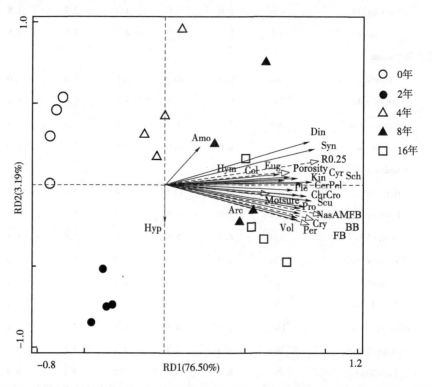

图 6.1　喀斯特生态恢复过程中原生动物群落组成与食物资源及环境因子间的冗余分析

BB. 细菌生物量 PLFAs；FB. 腐生真菌生物量 PLFAs；AMFB. 丛枝菌根真菌生物量 PLFAs；

$R_{0.25}$. >0.25mm 团聚体比例；Porosity. 孔隙度；Moisture. 湿度

线虫目名缩写见表 6.1

二、多样性指数

土壤原生动物群落的物种丰富度（SR）、优势度指数（λ）、均匀度指数（J'）和香农多样性指数（H'）分别在 2.54~3.29、0.12~6.77、0.43~0.49 和 2.52~3.03，平均分别为 3.09、2.19、0.46 和 2.85（图 6.2 至图 6.5）。

比较发现，7月和9月，不同生态恢复年限土壤原生动物物种丰富度指数（*SR*）均存在显著差异（*P*<0.05）（图6.2）。其中，石漠化对照样地的土壤原生动物丰富度指数最低，7月和9月分别仅为2.71和2.54，生态恢复后显著提升，4年后趋于稳定。生态恢复16年土壤原生动物丰富度指数7月和9月分别为3.24和3.09，分别较对照样地升高19.6%和26.9%。

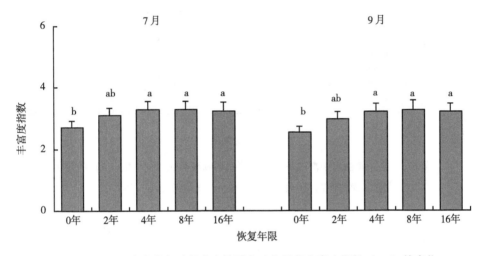

图6.2 喀斯特生态恢复过程中土壤原生动物群落丰富度指数（*SR*）的变化

竖线代表标准差；*n*=4；不同字母表示处理间差异显著（*P*<0.05）

比较发现，7月和9月，不同生态恢复年限土壤原生动物的优势度指数（*λ*）均存在显著差异（*P*<0.05）（图6.3）。其中，石漠化对照样地的土壤原生动物的优势度指数最高，7月和9月分别为5.49和6.77，之后随着恢复年限的延长呈明显的下降趋势。生态恢复16年土壤原生动物优势度指数7月和9月分别为0.12和0.16，分别较对照样地显著降低97.8%和97.6%。

比较发现，7月和9月，不同生态恢复年限土壤原生动物的均匀度指数（*J'*）均不存在显著差异（*P*<0.05）（图6.4）。

比较发现，7月和9月，不同生态恢复年限土壤原生动物的香农多样性指数（*H'*）均存在显著差异（*P*<0.05）（图6.5）。其中，石漠化对照样地的土壤原生动物的香农多样性指数最低，7月和9月分别为2.61和2.52，之后随着恢复年限的延长总体呈上升趋势。生态恢复16年土壤原生动物香农

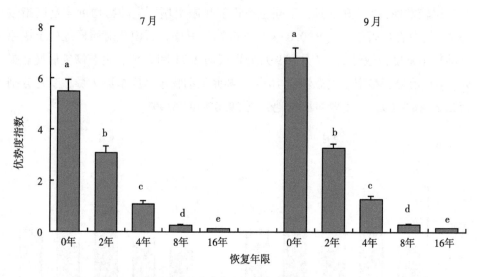

图 6.3　喀斯特生态恢复过程中土壤原生动物群落优势度指数（λ）的变化

竖线代表标准差；$n=4$；不同字母表示处理间差异显著（$P<0.05$）

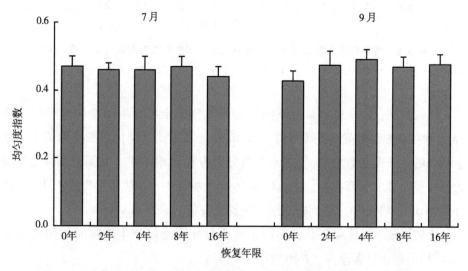

图 6.4　喀斯特生态恢复过程中土壤原生动物群落均匀度指数（J'）的变化

竖线代表标准差；$n=4$；不同字母表示处理间差异显著（$P<0.05$）

多样性指数 7 月和 9 月分别为 2.98 和 2.99，分别较对照样地显著升高 14.2% 和 18.3%。

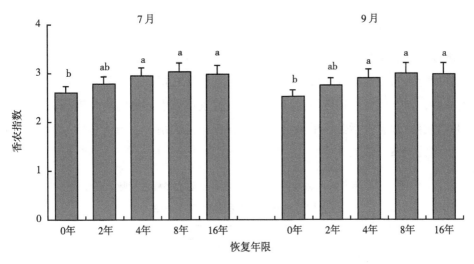

图 6.5　喀斯特生态恢复过程中土壤原生动物群落香农多样性指数（H'）的变化

竖线代表标准差；$n=4$；不同字母表示处理间差异显著（$P<0.05$）

简单相关分析结果显示：退化喀斯特人工林生态恢复条件下，土壤原生动物的类群数与丛枝菌根真菌生物量和 $R_{0.25}$ 之间均呈显著正相关关系；而优势度指数与细菌生物量、丛枝菌根真菌生物量、总的微生物生物量和 $R_{0.25}$ 之间均存在显著负相关关系；均匀度指数与丛枝菌根真菌生物量和 $R_{0.25}$ 之间均呈显著正相关关系；其余指标之间无显著相关关系（表 6.2）。

表 6.2　喀斯特生态恢复过程中土壤原生动物多样性指数与食物资源及环境
因子的简单相关关系（$n=5$）

指标	BB	FB	AMFB	MB	$R_{0.25}$	湿度	孔隙度
S	0.874	0.853	0.915*	0.871	0.899*	0.755	0.826
SR	0.781	0.752	0.821	0.777	0.795	0.600	0.687
λ	-0.882*	-0.862	-0.914*	-0.879*	-0.904*	-0.758	-0.828
J'	0.851	0.831	0.914*	0.849	0.894*	0.754	0.824
H'	0.254	0.207	0.343	0.247	0.287	0.014	0.122

注：BB. 细菌生物量 PLFAs；FB. 腐生真菌生物量 PLFAs；AMFB. 丛枝菌根真菌生物量 PLFAs；MB. 总的微生物 PLFAs；$R_{0.25}$. >0.25mm 团聚体比例；S. 类群数；SR. 丰富度指数；λ. 优势度指数；J'. 均匀度指数；H'. 香农指数。* 和 ** 分别表示显著（$P<0.05$）和极显著（$P<0.01$）水平

简单相关分析结果显示：退化喀斯特人工林生态恢复条件下，7月土壤原生动物的类群数、丰富度指数与微生物的类群数、均匀度指数和香农指数均呈显著或极显著正相关关系，而与优势度指数呈极显著负相关关系；原生动物的优势度指数与微生物的类群数、均匀度指数和香农指数均呈显著或极显著负相关关系，而与优势度指数呈极显著正相关关系；原生动物的均匀度指数与微生物的类群数和香农指数均呈显著或极显著正相关关系，而与优势度指数呈极显著负相关关系（表6.3）。

表 6.3 喀斯特生态恢复过程中土壤原生动物多样性指数与微生物多样性指数的简单相关关系 （$n=5$）

指标	微生物				
	S	SR	λ	J'	H'
7月原生动物					
S	0.993 **	−0.812	−0.992 **	0.892 *	0.950 *
SR	0.978 **	−0.781	−0.979 **	0.943 *	0.975 **
λ	−0.992 **	0.819	0.991 **	−0.892 *	−0.950 *
J'	0.989 **	−0.780	−0.988 **	0.876	0.938 *
H'	0.666	−0.388	−0.671	0.782	0.748
9月原生动物					
S	0.991 **	−0.833	−0.990 **	0.903 *	0.946 *
SR	0.981 **	−0.792	−0.984 **	0.927 *	0.968 **
λ	−0.989 **	0.832	0.988 **	−0.889 *	−0.962 **
J'	0.988 **	−0.785	−0.991 **	0.881 *	0.944 *
H'	0.674	−0.412	−0.713	0.798	0.751

注：S. 类群数；SR. 丰富度指数；λ. 优势度指数；J'. 均匀度指数；H'. 香农指数。* 和 ** 分别表示显著（$P<0.05$）和极显著（$P<0.01$）水平

9月土壤原生动物的类群数、丰富度指数与微生物的类群数、均匀度指数和香农指数均呈显著或极显著正相关关系，而与优势度指数呈极显著负相关关系；原生动物的优势度指数与微生物的类群数、均匀度指数和香农指数均呈显著或极显著负相关关系，而与优势度指数呈极显著正相关关系；原生动物的均

匀度指数与微生物的类群数、均匀度指数和香农指数均呈显著或极显著正相关关系，而与优势度指数呈极显著负相关关系（表6.3）。

为了区分评价食物资源、环境条件及其交互作用对土壤原生动物多样性的影响，运用典型对应分析-方差分解分析（CCA-VPA）进行解析，其中细菌、腐生真菌、丛枝菌根真菌视为食物资源，孔隙度、湿度和团聚体稳定性（$R_{0.25}$）视为环境因子。分析结果显示：退化喀斯特人工林生态恢复过程中，食物资源、环境条件及其交互作用对类群数变异的贡献分别为31.2%、22.3%和20.1%，对丰富度指数的贡献分别为7.1%、6.6%和7.9%，对优势度指数的贡献分别为22.4%、16.8%和21.4%，对均匀度指数的贡献分别为34.1%、23.2%和20.4%，对香农指数的贡献分别为11.7%、12.9%和10.4%（表6.4）。

表6.4　喀斯特生态恢复过程中食物资源、环境因子及其交互作用对土壤原生动物多样性的相对贡献——基于 CCA-VPA 分析（$n=5$）

指标	食物资源	环境因子	食物资源×环境因子	未解释
S	31.2%	22.3%	20.1%	26.4%
SR	7.1%	6.6%	7.9%	78.4%
λ	22.4%	16.8%	21.4%	39.4%
J'	34.1%	23.2%	20.4%	22.3%
H'	11.7%	12.9%	10.4%	65.0%

注：S. 类群数；SR. 丰富度指数；λ. 优势度指数；J'. 均匀度指数；H'. 香农指数

三、原生动物数量及生物量

土壤鞭毛虫数量在$93×10^3$~$266×10^3$个·g^{-1}干土，平均为$175×10^3$个·g^{-1}干土（图6.6）。比较发现，7月和9月，不同生态恢复年限土壤鞭毛虫数量均存在显著差异（$P<0.05$）。其中，石漠化对照样地的土壤鞭毛虫数量最低，7月和9月分别仅为$101×10^3$个·g^{-1}干土和$93×10^3$个·g^{-1}干土，之后随着生态恢复年限的延长呈逐渐增多趋势。16年生态恢复土壤鞭毛虫数量7月和9月分别为$266×10^3$个·g^{-1}干土和$248×10^3$个·g^{-1}干土，分别较对照样地显著增多163.4%和166.7%。

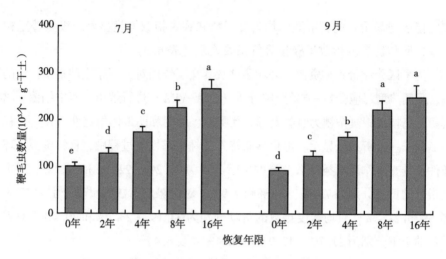

图6.6　喀斯特生态恢复过程中土壤鞭毛虫数量的变化

竖线代表标准差；$n=4$；不同字母表示处理间差异显著（$P<0.05$）

土壤肉足虫数量在 $75×10^3 \sim 131×10^3$ 个·g^{-1} 干土，平均为 $93×10^3$ 个·g^{-1} 干土（图6.7）。比较发现，7月和9月，不同生态恢复年限土壤肉足虫数量均存在显著差异（$P<0.05$）。生态恢复前2年土壤肉足虫数量的变化不明显，之后（4年后）显著增多。16年生态恢复土壤肉足虫数量7月和9月分别为 $131×10^3$ 个·g^{-1} 干土和 $127×10^3$ 个·g^{-1} 干土，分别较对照样地显著增多61.7%和69.3%。

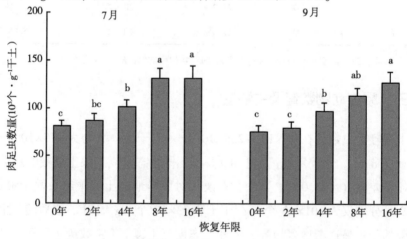

图6.7　喀斯特生态恢复过程中土壤肉足虫数量的变化

竖线代表标准差；$n=4$；不同字母表示处理间差异显著（$P<0.05$）

土壤纤毛虫数量在 $129×10^3$~$284×10^3$个·g^{-1}干土，平均为 $188×10^3$个·g^{-1}干土（图6.8）。比较发现，7月和9月，不同生态恢复年限土壤纤毛虫数量均存在显著差异（$P<0.05$）。其中，石漠化对照样地的土壤纤毛虫数量最低，7月和9月均仅为 $129×10^3$个·g^{-1}干土，之后随着生态恢复年限的延长呈逐渐增多趋势。16年生态恢复土壤纤毛虫数量7月和9月分别为 $284×10^3$个·g^{-1}干土和 $276×10^3$个·g^{-1}干土，分别较对照样地显著增多120.2%和114.0%。

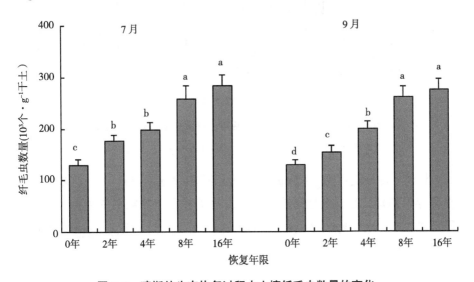

图6.8　喀斯特生态恢复过程中土壤纤毛虫数量的变化

竖线代表标准差；$n=4$；不同字母表示处理间差异显著（$P<0.05$）

土壤原生动物总数在 $297×10^3$~$681×10^3$个·g^{-1}干土，平均为 $439×10^3$个·g^{-1}干土（图6.9）。比较发现，7月和9月，不同生态恢复年限土壤原生动物总数均存在显著差异（$P<0.05$）。其中，石漠化对照样地的土壤原生动物总数最低，7月和9月分别仅为 $311×10^3$个·g^{-1}干土和 $297×10^3$个·g^{-1}干土，之后随着生态恢复年限的延长呈逐渐增多趋势。16年生态恢复土壤原生动物总数7月和9月分别为 $681×10^3$个·g^{-1}干土和 $651×10^3$个·g^{-1}干土，分别较对照样地显著增多119.0%和119.2%。

土壤鞭毛虫生物量碳在 46.5~$133μg·kg^{-1}$干土，平均为 $80μg·kg^{-1}$干土（图6.10）。比较发现，7月和9月，不同生态恢复年限土壤鞭毛虫生物量碳均存在显著差异（$P<0.05$）。其中，石漠化对照样地的土壤鞭毛虫生物量碳最

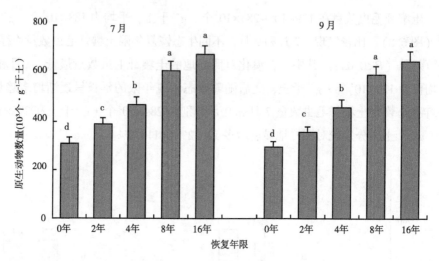

图 6.9 喀斯特生态恢复过程中土壤原生动物数量的变化

竖线代表标准差；$n=4$；不同字母表示处理间差异显著（$P<0.05$）

低，7月和9月分别仅为 $50.5\mu g \cdot kg^{-1}$ 干土和 $46.5\ \mu g \cdot kg^{-1}$ 干土，之后随着生态恢复年限的延长呈逐渐增多趋势。16年生态恢复土壤鞭毛虫生物量碳 7月和 9月分别为 $133\mu g \cdot kg^{-1}$ 干土和 $124\mu g \cdot kg^{-1}$ 干土，分别较对照样地显著增多 163.4%和166.7%。

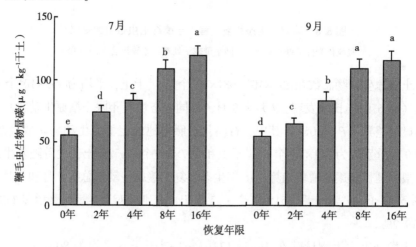

图 6.10 喀斯特生态恢复过程中土壤鞭毛虫生物量碳的变化

竖线代表标准差；$n=4$；不同字母表示处理间差异显著（$P<0.05$）

土壤肉足虫生物量碳在 225~393μg·kg⁻¹干土，平均为 279μg·kg⁻¹干土（图 6.11）。比较发现，7 月和 9 月，不同生态恢复年限土壤肉足虫生物量碳均存在显著差异（$P<0.05$）。生态恢复前 2 年土壤肉足虫生物量碳的变化不明显，之后（4 年后）显著增多。16 年生态恢复土壤肉足虫生物量碳 7 月和 9 月分别为 393μg·kg⁻¹干土和 381μg·kg⁻¹干土，分别较对照样地显著增多 61.7%和 69.3%。

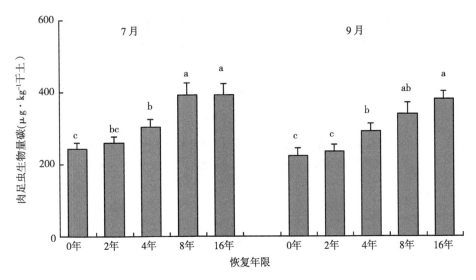

图 6.11　喀斯特生态恢复过程中土壤肉足虫生物量碳的变化

竖线代表标准差；$n=4$；不同字母表示处理间差异显著（$P<0.05$）

土壤纤毛虫生物量碳在 1935~4260μg·kg⁻¹干土，平均为 2812 μg·kg⁻¹干土（图 6.12）。比较发现，7 月和 9 月，不同生态恢复年限土壤纤毛虫生物量碳均存在显著差异（$P<0.05$）。其中，石漠化对照样地的土壤纤毛虫生物量碳最低，7 月和 9 月均仅为 1935μg·kg⁻¹干土，之后随着生态恢复年限的延长呈逐渐增多趋势。16 年生态恢复土壤纤毛虫生物量碳 7 月和 9 月分别为 4260μg·kg⁻¹干土和 4140μg·kg⁻¹干土，分别较对照样地显著增多 120.2%和 114.0%。

土壤原生动物总的生物量碳在 2206~4786μg·kg⁻¹干土，平均为 3170 μg·kg⁻¹干土（图 6.13）。比较发现，7 月和 9 月，不同生态恢复年限土壤原生动物总

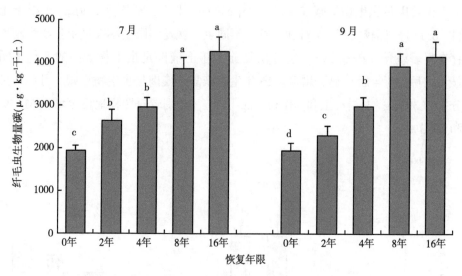

图 6.12　喀斯特生态恢复过程中土壤纤毛虫生物量碳的变化

竖线代表标准差；$n=4$；不同字母表示处理间差异显著（$P<0.05$）

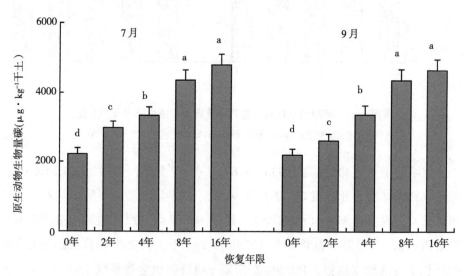

图 6.13　喀斯特生态恢复过程中土壤原生动物生物量碳的变化

竖线代表标准差；$n=4$；不同字母表示处理间差异显著（$P<0.05$）

生物量碳均存在显著差异（$P<0.05$）。其中，石漠化对照样地的土壤原生动物总生物量碳最低，7 月和 9 月分别仅为 2228μg · kg^{-1}干土和 2206μg · kg^{-1}干土，

之后随着生态恢复年限的延长呈逐渐增多趋势。16 年生态恢复土壤原生动物总生物量碳 7 月和 9 月分别为 4786μg·kg^{-1}干土和 4645μg·kg^{-1}干土，分别较对照样地显著增多 119.0% 和 119.2%。

简单相关分析结果显示：退化喀斯特人工林生态恢复条件下，土壤中鞭毛虫、肉足虫、纤毛虫以及总的原生动物的数量及生物量与细菌生物量、腐生真菌生物量、丛枝菌根真菌生物量、总的微生物生物量、R$_{0.25}$、湿度和孔隙度之间均呈显著或极显著正相关关系（表 6.5）。

表 6.5　喀斯特生态恢复过程中土壤原生动物数量及生物量与
食物资源及环境因子的简单相关关系（$n=5$）

指标	BB	FB	AMFB	MB	R$_{0.25}$	湿度	孔隙度
原生动物数量							
鞭毛虫	0.960**	0.960**	0.963**	0.960**	0.987**	0.950*	0.980**
肉足虫	0.881*	0.882*	0.972**	0.882*	0.953*	0.960**	0.981**
纤毛虫	0.961**	0.958*	0.991**	0.961**	0.955*	0.943*	0.973**
总的	0.954*	0.953*	0.981**	0.954*	0.974**	0.954*	0.983**
原生动物生物量							
鞭毛虫	0.960**	0.960**	0.963**	0.960**	0.987**	0.950*	0.980**
肉足虫	0.881*	0.882*	0.972**	0.882*	0.953*	0.960**	0.981**
纤毛虫	0.961**	0.958*	0.991**	0.961**	0.955*	0.943*	0.973**
总的	0.954*	0.953*	0.981**	0.954*	0.974**	0.954*	0.983**

注：BB. 细菌生物量 PLFAs；FB. 腐生真菌生物量 PLFAs；AMFB. 丛枝菌根真菌生物量 PLFAs；MB. 总的微生物 PLFAs；R$_{0.25}$. >0.25mm 团聚体比例。* 和 ** 分别表示显著（$P<0.05$）和极显著（$P<0.01$）水平

CCA-VPA 分析结果显示：退化喀斯特人工林生态恢复过程中，食物资源、环境条件及其交互作用对鞭毛虫数量及生物量的相对贡献分别为 31.4%、28.7% 和 21.2%，食物资源、环境条件及其相互作用对肉足虫数量及生物量的相对贡献分别为 23.1%、29.4% 和 20.2%，食物资源、环境条件及其交互作用对纤毛虫数量及生物量的相对贡献分别为 24.5%、25.8% 和 20.2%，食物资源、环境条件及其交互作用对总的原生动物数量及生物量的相对贡献分别为 29.5%、27.8% 和 18.9%（表 6.6）。

表 6.6　喀斯特生态恢复过程中食物资源、环境因子及其交互作用对土壤原生
动物数量及生物量的相对贡献——基于 CCA−VPA 分析（$n=5$）

指标	食物资源	环境因子	食物资源×环境因子	未解释
原生动物数量				
鞭毛虫	31.4%	28.7%	21.2%	18.7%
肉足虫	23.1%	29.4%	20.2%	27.3%
纤毛虫	24.5%	25.8%	20.2%	29.5%
总的	29.5%	27.8%	18.9%	23.8%
原生动物生物量				
鞭毛虫	31.4%	28.7%	21.2%	18.7%
肉足虫	23.1%	29.4%	20.2%	27.3%
纤毛虫	24.5%	25.8%	20.2%	29.5%
总的	29.5%	27.8%	18.9%	23.8%

第三节　生态恢复对土壤原生动物群落组成和多样性的影响

　　本研究结果表明，喀斯特人工林生态恢复过程中，土壤原生动物群落组成发生显著变化。冗余度分析（RDA）结果显示：食物资源和环境因子可以解释土壤原生动物群落组成 79.69% 的变化，说明喀斯特生态恢复过程中土壤微生物的增多和孔隙度等环境条件的改善共同驱动了原生动物群落组成的演变。其中，细菌（BB）、腐生真菌（FB）、丛枝菌根真菌（AMFB）、$R_{0.25}$、孔隙度、湿度与原生动物管口目（Cyrtophorida）、网足目（Cromiida）、裂芡目（Schizopyrenida）、泥生目（Pelobiontida）、盾纤目（Scuticociliatida）、金滴目（Chrysomonadida）等有相对较好的正相关关系，而原生动物变形目（Amoebida）和下毛目（Hypotrichida）在食物资源较低和环境条件较差的区域分布，这表明喀斯特生态恢复过程中不同类群原生动物的驱动因子各不相同，不同类群原生动物的响应程度亦各不相同。就是这种响应差异性促使了原生动物群落组成和多样性的改变，例如，在石漠化对照样地，一些响应敏感的原生动物〔如隐滴目

（Cryptomonadida）、腰鞭目（Dinoflagellida）、团虫目（Volvocida）、网足目（Cromiida）、缘毛目（Peritrichida）、合膜目（Synhymeniida）等］未鉴定到，并只记录到 16 个目。而随着人工林恢复年限的延长，这些未鉴定到的原生动物逐渐恢复存在，16 年恢复样地土壤原生动物目的数量增加至 22 个，从而增加了原生动物类群数，丰富度指数和香农指数亦有所升高，所以原生动物多样性提高。而一些相对耐受性原生动物如动基体目（Kinetoplastida）、变形目（Amoebida）、表壳目（Arcellinida）和下毛目（Hypotrichida）4 个类群是石漠化样地的优势类群，之后随着喀斯特生态恢复年限的延长其相对多度趋于降低，生态恢复 2 年后仅剩下变形目（Amoebida）和下毛目（Hypotrichida）2 个优势类群，之后 4 个类群的优势地位均消失，而金滴目（Chrysomonadida）的相对多度在 16 年生态恢复样地显著提高，成为优势类群，从而使得原生动物的优势度指数显著降低，提高了原生动物多样性。简单相关分析结果表明，在喀斯特人工林生态恢复过程中，土壤原生动物多样性指数和微生物多样性指数大部分之间存在很好的相关性，这说明除了微生物数量和环境条件之外，微生物多样性也是原生动物多样性的重要驱动因子。

第四节　生态恢复对土壤原生动物群落大小的影响

本研究结果表明，退化喀斯特人工林生态恢复过程中，土壤鞭毛虫、肉足虫、纤毛虫以及总的原生动物数量及生物量均呈增加趋势。其中，生态恢复 16 年样地土壤鞭毛虫数量及生物量两个季节分别较对照样地显著增多 163.4%和 166.7%，肉足虫显著增多 61.7%和 69.3%，纤毛虫显著增多 120.2%和 114.0%，总的原生动物显著增多 119.0%和 119.2%。土壤原生动物的主要食物来源为微生物，此外土壤孔隙度、湿度等环境条件也能影响原生动物的生长繁殖（唐政等，2015）。本研究的相关分析结果表明，喀斯特人工林生态恢复过程中，土壤鞭毛虫、肉足虫、纤毛虫以及总的原生动物数量及生物量均与细菌、真菌等食物资源数量和孔隙度、湿度等环境因子大部分指标之间呈显著或极显著正相关关系，说明食物资源和环境条件共同驱动了原生动物群落大小的演变。从 CCA-VPA 分析结果来看，鞭毛虫相对受食物资源影响较大，肉足虫相对受环境条件影响较大，而食物资源和环境条件对纤毛虫及总的原生动物的贡献相当。

第五节　本章小结

在本研究的喀斯特人工林生态恢复过程中，土壤原生动物群落特征发生显著变化，主要表现为以下两个方面。

（1）由于食物资源（微生物）的增多和孔隙度、湿度等环境条件的改善，土壤原生动物群落组成发生显著变化，且不同类群的响应敏感程度不同。土壤原生动物类群数逐渐增多，丰富度指数和香农指数也有所升高，而优势度指数显著降低，表明土壤原生动物多样性提高。相关分析结果表明，除了食物资源数量和环境条件之外，土壤微生物多样性亦是原生动物多样性重要驱动因子。

（2）土壤鞭毛虫、肉足虫、纤毛虫以及总的原生动物数量及生物量均呈增加趋势，且均与细菌、真菌等食物资源数量和孔隙度、湿度等环境因子大部分指标之间呈显著或极显著正相关关系，说明食物资源和环境条件共同驱动了原生动物群落大小的演变。

第七章 喀斯特生态恢复土壤线虫群落的演变

线虫作为土壤中数量最丰富的后生动物，占据着土壤食物网的中心位置，其物种多样性、食性多样性、生活史策略多样性、功能团多样性奠定了其作为土壤食物网结构和功能指示生物的生态学基础。总之，以线虫为核心的土壤微食物网研究已成为当今的研究热点，线虫微食物网相对完整食物网研究来说更加简便和实用。土壤线虫群落受到土壤微生物、孔性、湿度、结构等诸多食物资源和环境条件的影响，其对人类活动和环境变化的响应十分敏感，是生态系统恢复演替的重要生物指示者。石漠化喀斯特人工林生态恢复过程中，一方面由于地上植被生物量及多样性的增加、地下食物资源（根系、有机质、微生物、原生动物）的增多以及土壤环境条件（湿度、孔隙度等）的改善，所以土壤线虫的群落大小、代谢功能和多样性可能趋于增加；另一方面由于植被演替导致地下资源质量的改变，所以土壤线虫食物网的分解通道将发生变化，如果根系资源的难分解成分（木质素、纤维素等）以及 C/N 增加，那么真菌分解通道的相对重要性增强，反之细菌分解通道的权重增加。所以，本研究以广西环江典型喀斯特系统为代表，采用空间序列代替时间序列的方法，选取相对邻近的（石漠化对照样地）和系列年限香椿树人工林生态恢复样地，通过野外实地取样和实验室测定分析，研究了退化喀斯特生态恢复过程中土壤线虫群落组成、多样性、结构、大小、代谢足迹和分解路径的演变特征；结合地上植被、地下食物资源（数量、质量）和土壤湿度等环境条件，运用冗余分析、典型对应分析-方差分解分析（CCA-VPA）和结构方程模型（SEM）等先进的多元统计分析手段，研究探讨喀斯特生态恢复过程中土壤线虫群落的演变机制和主要驱动因子。

第一节　材料与方法

一、供试土壤

和微生物、原生动物分析的取样一致，在研究样地的每个样方内，分别于 2014 年 7 月和 9 月去除地表凋落物和腐殖质层后，采用土铲、土钻、剖面刀等工具，通过"S"形多点（8~10 个点）混合取样法采取表层（0~10cm）土壤样品。剔除可见的石头、动植物残体等物质后过 2mm 筛，测定含水量，4℃保鲜备用。

二、分析方法

取 100g 新鲜土样，采用改良的浅盘法对土壤线虫进行分离提取（Zhang et al.，2015）。提取出来的线虫采用温热杀死法（Gentle Heating），之后用 4% 福尔马林固定。固定后的线虫标本在解剖镜下计数，然后依据测得的土壤湿度将土壤线虫折算成 100g 烘干土中含有的线虫条数。随机抽取 100 条线虫（不足 100 条的按全量鉴定，结果折算为 100 条后进行比较）在光学显微镜下进行科属鉴定。根据线虫的取食习性和食道特征划分营养类群：食细菌线虫、食真菌线虫、植物寄生性线虫和捕食/杂食线虫（Yeates et al.，1993）。线虫的分离鉴定参考 Bongers 的《De Nematoden van Nederland》（Bongers，1994）。

物种多样性分析：主要通过线虫属的丰富度和均匀度等常用指数来衡量线虫的物种多样性。衡量指数：物种丰富度（Species richness）$SR = (S-1)/\ln N$（其中 S 为鉴定分类单元的数目，N 为线虫总数）；香农多样性指数（Shannon diversity index）$H' = -\Sigma p_i(\ln p_i)$（$p_i$ 为各分类单元所占的比例）；均匀度指数（Evenness index）$J' = H'/H'_{max}$（$H'_{max} = \ln S$）；优势度指数（Dominance index）$\lambda = \Sigma p_i^2$。

生活史特征分析：根据线虫不同的生活史策略，Bongers（Bongers & Korthals，1993）将线虫划分为 r-对策者向 K-对策者过渡的 5 个类群。衡量指数：$PPI/MI/MI2\text{-}5 = \Sigma v_i f_i$（Hohberg，2003），$v(i)$ 为植物寄生线虫/自由生活线虫/c-p 值 2~5 的自由生活线虫科属的 c-p 值；$f(i)$ 是线虫科/属在相应线虫种群中所占的比重。

功能团特征分析：当把线虫多样性与一个系统或其演替的状态联系到一起时，要考虑线虫的物种组成和生活史组成。线虫功能团（guild）综合了营养类群和生活史划分的信息，可反映土壤食物网结构、养分富集状况和分解途径等（Ferris et al.，2001；Jiang et al.，2013）。衡量指数：富集指数（Enrichment index）$EI = 100×e/(b+e)$；结构指数（Structural index）$SI = 100×s/(b+s)$。其中，e（enrichment）代表食物网中富集成分，主要指 c-p 值为 1 的食细菌线虫和 c-p 值为 2 的食真菌线虫；b（basal）代表食物网中基础成分，主要指 c-p值为 2 的食细菌和食真菌线虫；s（structure）代表食物网中的结构成分，包括c-p 值为 3~5 的食细菌、食真菌和捕食-杂食性线虫。

代谢足迹分析：在线虫分类鉴定过程中，通过目镜测微尺测量记录所有线虫体长（L）和最大体径。线虫生物量计算公式如下：

$$W = (L^3/a^2)/(1.6×10^6) \tag{7.1}$$

式中，W 为鲜重（μg），L 为体长（μm），a 为体长与最大体径的比例（Andrássy，1956）。总的线虫生物量碳的估算基于每个分类单元的多度乘以相应的鲜重（Andrássy，1956），其中鲜重/干重的换算系数为 0.20（Persson et al.，1980），干重的 C 含量取 52%（Persson，1983）。计算各个营养类群的线虫生物量碳。

线虫代谢足迹（F）用来评价进入土壤食物网的 C 流和能流，成虫体重用来估算其代谢足迹，其计算公式如下：

$$F = \Sigma\{N_t[0.1W_t/m_t + 0.273(W_t^{0.75})]\} \tag{7.2}$$

式中，W_t 和 m_t 分别为成虫鲜重和 c-p 值（Ferris，2010），每个属的 c-p 值参考以往相关报道的线虫生活史特征（Bongers，1990；Bongers & Bongers，1998）。

按照营养类群，分别计算食细菌线虫足迹（F_{BF}）、食真菌线虫足迹（F_{FF}）、植物寄生线虫足迹（F_{PP}）和捕食-杂食线虫足迹（F_{OP}）。按照不同功能，计算富集足迹（F_e，基于 c-p1 和 c-p2 的自由生活线虫）、结构足迹（F_s，基于 c-p3、c-p4、c-p5 的自由生活线虫）和功能足迹（F_f，富集足迹和结构足迹之和）。

分解路径分析：根据土壤线虫的食性特征，通常可以划分为植物寄生线虫、食真菌线虫、食细菌线虫和捕食/杂食性线虫（Yeates et al.，1993），它们是土壤生态系统中主要的线虫营养类群。其中，食细菌线虫和食真菌线虫分别与细菌和真菌通过捕食作用而发生密切联系，进而间接调控有机质分解和养分循环，所以基于二者的结构比例分析可以反映土壤腐屑食物网的分解通道，衡量指数：线虫通路比值（Nematode channel ratio）NCR＝B/(B+F)，B 和 F 分别为食细菌线虫和食真菌线虫的丰度；食真菌线虫：食细菌线虫生物量比（FFC/BFC），FFC 为食真菌线虫生物量碳，BFC 为食细菌线虫生物量碳；食真菌线虫：食细菌线虫碳足迹比（F_{FF}/F_{BF}），F_{BF}为食细菌线虫碳足迹，F_{FF}为食真菌线虫碳足迹。

三、数据处理

运用 SPSS 13.0 软件对有关数据进行单因素方差分析（ANOVA）、简单相关分析和线性回归分析，评价人工林生态恢复年限对各指标的影响以及某些指标间的相关关系，$P<0.05$ 为差异显著，简单相关分析时的土壤生物学指标取两个月的平均值。在 Canoco 软件下运用冗余分析（RDA），评价土壤线虫各个属（两个月的均值）与诸多环境因子（根系生物量、土壤有机碳、氮、湿度、孔隙度等）间的关系。在 R 语言下运用典型对应分析-方差分解分析（CCA-VPA），定量解析不同影响因子对土壤线虫指标（取两个月的平均值）的相对贡献。在 AMOS7.0 软件下运用结构方程模型（SEM），定量解析土壤微食物网（地下根系资源输入、微生物、原生动物、线虫）的上行效应，根据相关文献资料（Ferris et al., 2012a; Zhang et al., 2015; Yeates, 1999; Villenave et al., 2004; Jiang et al., 2013; Jonsson & Wardle, 2010），引入变量包括：根系生物量（R）、细菌生物量（B）、腐生真菌生物量（F）、丛枝菌根真菌生物量（AMF）、原生动物生物量（P）、食细菌线虫生物量（BF）、食真菌线虫生物量（FF）、植物寄生线虫生物量（PP）和捕食/杂食性线虫生物量（OP）（土壤生物指标取两个月的均值）。

第二节　结果与分析

一、群落组成

研究期间，共鉴定到土壤线虫属 34 个，其中拟丽突属（*Acrobeloides*）、杆咽属（*Rhabdolaimus*）和滑刃属（*Aphelenchoides*）为优势属（表 7.1）。在石漠化对照样地，一些线虫属［如无咽属（*Alaimus*）、垫咽属（*Tylencholaimus*）、肾形属（*Rotylenchulus*）、缢咽属（*Axonchium*）、小矛属（*Microdorylaimus*）、中矛线属（*Mesodorylaimus*）等］未鉴定到，并只记录到 23 个属。随着人工林恢复年限的延长，这些未鉴定到的线虫属逐渐恢复存在，16 年恢复样地土壤线虫属的数量增加至 34 个。

表 7.1　喀斯特生态恢复过程中土壤线虫属的相对多度　（单位:%）

属	缩写	恢复年限				
		0 年	2 年	4 年	8 年	16 年
食细菌线虫 *Bacterivores*						
Diplogasteriana	*Dip*	0.7	1.1	1.2	1.9	2.9
Protorhabditis	*Pro*	0.9	1.9	2.4	2.4	3.3
Rhabditonema	*Rha*	0.4	1.7	1.9	2.2	3.6
Acrobeles	*Acr*	6.4	2.5	2.2	1.1	0.9
Heterocephalobus	*Het*	1.5	1.5	1.2	0.9	1.8
Pseudacrobeles	*Pse*	1.5	1.7	1.3	1.2	1.6
Teratocephalus	*Ter*	1.5	1.6	1.4	0.7	1.6
Eucephalobus	*Eur*	0.8	0.7	0.7	0.7	1.1
Acrobeloides	*Acr*	21.3	18.2	18.6	12.6	10.1
Tylocephalus	*Tyl*	1.2	1.0	1.0	0.9	1.1
Prismatolaimus	*Pri*	0.9	0.9	0.7	1.5	0.9
Rhabdolaimus	*Rhab*	29.1	22.4	23.0	14.3	11.2
Alaimus	*Ala*	0.0	2.4	2.0	2.2	2.3
食真菌线虫 *Fungivores*						
Aphelenchus	*Aph*	1.9	6.2	5.9	7.9	9.6
Aphelenchoides	*Aphe*	16.7	15.7	15.9	15.2	10.4
Filenchus	*Fil*	1.4	5.9	5.5	7.8	8.4
Tylencholaimus	*Tyle*	0.0	0.7	0.6	4.2	6.7
植物寄生线虫 *Plant-parasites*						

（续表）

属	缩写	恢复年限				
		0 年	2 年	4 年	8 年	16 年
Atylenchus	*Aty*	2.3	1.4	1.8	1.4	0.7
Lelenchus	*Lel*	2.3	1.6	1.8	1.1	0.6
Tylenchus	*Tylen*	1.9	1.7	1.7	1.1	0.5
Paratylenchus	*Par*	2.2	1.8	1.7	1.2	0.6
Criconemella	*Cri*	0.0	0.7	0.5	0.4	0.5
Pratylenchus	*Pra*	0.8	0.6	0.8	0.5	1.1
Rotylenchulus	*Rot*	0.0	0.0	0.0	0.5	1.0
Rotylenchus	*Roty*	0.0	0.0	0.0	0.6	0.7
Heterodera	*Hete*	2.6	2.7	2.8	2.2	2.1
Axonchium	*Axo*	0.0	1.1	0.9	1.3	1.8
Dorylaimellus	*Dor*	0.0	1.0	1.1	1.3	1.9
捕食-杂食线虫 Omnivores-Predators						
Thonus	*Tho*	0.8	0.6	0.7	1.5	1.6
Eudorylaimus	*Eud*	0.9	0.7	0.7	1.6	2.1
Microdorylaimus	*Mic*	0.0	0.0	0.0	1.8	1.8
Discolaimus	*Dis*	0.0	0.0	0.0	0.0	1.6
Mesodorylaimus	*Mes*	0.0	0.0	0.0	1.6	1.9
Prodorylaimium	*Prod*	0.0	0.0	0.0	4.2	2.0

运用冗余度分析（RDA）解析食物资源和环境因子对土壤线虫群落组成的影响（图7.1），结果显示：食物资源和环境因子可以解释土壤线虫群落组成52.03%的变化，轴1和轴2的解释量分别为47.20%和4.83%。从各个变量来看，不同年限生态恢复样地被很好地区分开来，说明喀斯特生态恢复过程中土壤线虫群落组成、食物资源及环境因子发生明显变化。植物根系（RB）、细菌（BB）、真菌（FB）、原生动物（PB）、$R_{0.25}$、孔隙度、湿度与轴1显著正相关，且与线虫属真滑刃属（*Aphelenchus*）、缢咽属（*Axonchium*）、真矛线属（*Eudorylaimus*）、丝尾垫刃属（*Filenchus*）、小杆线虫属（*Rhabditonema*）、小矛

属（*Microdorylaimus*）等有相对较好的正相关关系，而线虫属丽突属（*Acrobeles*）、细纹垫刃属（*Lelenchus*）等在食物资源较低和环境条件较差的区域分布。

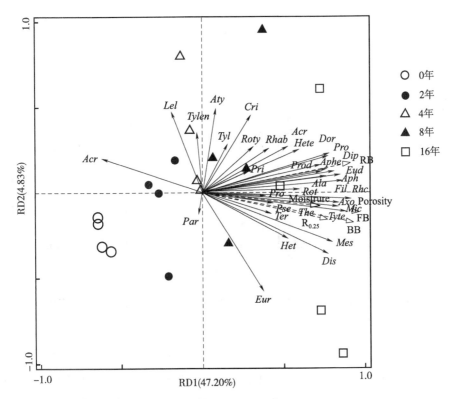

图 7.1　喀斯特生态恢复过程中线虫群落组成与食物资源及环境因子间的冗余分析

RB. 根系生物量；BB. 细菌生物量 PLFAs；FB. 腐生真菌生物量 PLFAs；MB. 微生物生物量 PLFAs；PB. 原生动物生物量；$R_{0.25}$. >0.25mm 团聚体比例；Porosity. 孔隙度；Moisture. 湿度。线虫属名缩写见表 7.1

二、多样性指数

土壤线虫群落的物种丰富度（SR）、优势度指数（λ）、均匀度指数（J'）和香农多样性指数（H'）分别在 3.01~5.91、0.06~0.19、0.71~0.95 和 1.91~3.09，平均分别为 4.47、0.13、0.84 和 2.53（图 7.2 至图 7.5）。

比较发现，7 月和 9 月，不同生态恢复年限土壤线虫物种丰富度均存在显著差异（$P<0.05$）（图7.2）。其中，石漠化对照样地的土壤线虫物种丰富度最低，7月和9月分别仅为3.22和4.14，之后随着恢复年限的延长总体呈上升趋势，生态恢复16年土壤线虫丰富度7月和9月分别为4.54和5.72，分别较对照样地升高41.0%和38.2%。

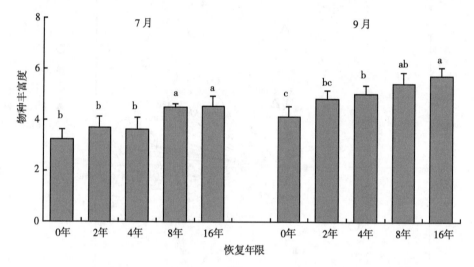

图7.2 喀斯特生态恢复过程中土壤线虫物种丰富度指数（SR）的变化

竖线代表标准差；$n=4$；不同字母表示处理间差异显著（$P<0.05$）

比较发现，7月和9月，不同生态恢复年限土壤线虫优势度指数均存在显著差异（$P<0.05$）（图7.3）。其中，石漠化对照样地的土壤线虫优势度指数最高，7月和9月分别为0.19和0.17，之后随着恢复年限的延长总体呈上升趋势，生态恢复16年土壤线虫优势度指数7月和9月分别为0.07和0.06，分别较对照样地降低41.0%和38.2%。

比较发现，7月和9月，不同生态恢复年限土壤线虫均匀度指数（J'）均存在显著差异（$P<0.05$）（图7.4）。总的来说，土壤线虫均匀度指数随恢复年限略显趋于升高，其中生态恢复后期（8年、16年）的均匀度指数显著高于其他年限。石漠化对照样地的土壤线虫均匀度指数最低，7月和9月分别为0.74和0.81，相比之下，恢复16年样地土壤线虫均匀度指数7月和9月分别升高18.9%和16.0%。

比较发现，不同生态恢复年限土壤线虫香农多样性指数（H'）在两个采样

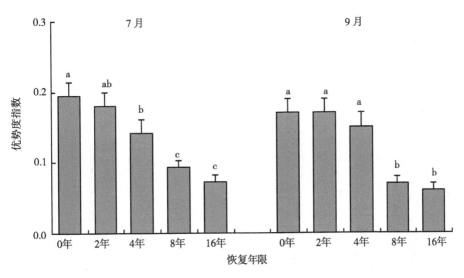

图7.3　喀斯特生态恢复过程中土壤线虫优势度指数（λ）的变化

竖线代表标准差；n=4；不同字母表示处理间差异显著（P<0.05）

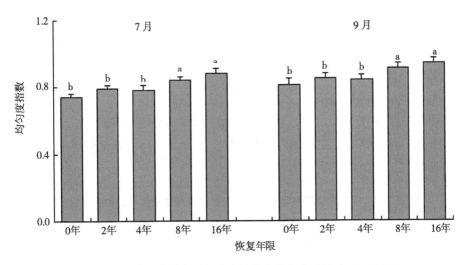

图7.4　喀斯特生态恢复过程中土壤线虫均匀度指数（J'）的变化

竖线代表标准差；n=4；不同字母表示处理间差异显著（P<0.05）

季节（7月和9月）均存在显著差异（P<0.05）（图7.5）。其中，石漠化对照样地的土壤线虫香农多样性指数最低，7月和9月分别仅为2.02和2.26，之后

随着恢复年限的延长总体呈上升趋势，恢复至 16 年土壤线虫香农多样性指数 7 月和 9 月分别达到 2.93 和 2.99，分别较对照样地升高 45.0% 和 32.3%。

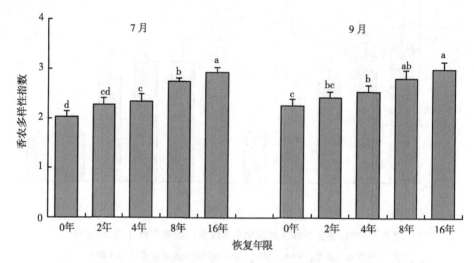

图 7.5　喀斯特生态恢复过程中土壤线虫香农多样性指数（H'）的变化

竖线代表标准差；$n=4$；不同字母表示处理间差异显著（$P<0.05$）

　　简单相关分析结果显示：退化喀斯特人工林生态恢复过程中，土壤线虫多样性各个指标（类群数 S、丰富度指数 SR、均匀度指数 J'、香农多样性指数 H'）均与植被物种数、根系、微生物等食物资源数量和湿度、孔隙度等环境条件各因子之间存在显著或极显著的正相关关系，而优势度指数 λ 与植被物种数、根系、微生物等食物资源数量和湿度、孔隙度等环境条件各因子之间均存在显著或极显著负相关关系（表 7.2）。

表 7.2　喀斯特生态恢复过程中土壤线虫多样性指数与植物多样性、
食物资源及环境因子的简单相关关系（$n=5$）

指标	VSN	RB	BB	FB	MB	PB	$R_{0.25}$	湿度	孔隙度
S	0.958*	0.938*	0.936*	0.928*	0.935*	0.985**	0.898*	0.907*	0.937*
SR	0.990**	0.947*	0.942*	0.936*	0.941*	0.992**	0.918*	0.925*	0.985**
λ	-0.997**	-0.950*	-0.934*	-0.935*	-0.934*	-0.986**	-0.985**	-0.957*	-0.985**

（续表）

指标	VSN	RB	BB	FB	MB	PB	$R_{0.25}$	湿度	孔隙度
J'	0.971**	0.944*	0.955*	0.957*	0.955*	0.975**	0.891*	0.925*	0.954*
H'	0.951*	0.897*	0.964**	0.964**	0.964**	0.997**	0.955*	0.957*	0.965*

注：S. 类群数；SR. 丰富度指数；λ. 优势度指数；J'. 均匀度指数；H'. 香农多样性指数；VSN. 植被物种数；RB. 根系生物量；BB. 细菌生物量 PLFAs；FB. 腐生真菌生物量 PLFAs；MB. 微生物生物量 PLFAs；PB. 原生动物生物量；$R_{0.25}$. >0.25mm 团聚体比例。* 和 ** 分别表示显著（$P<0.05$）和极显著（$P<0.01$）水平

简单相关分析结果显示：退化喀斯特人工林生态恢复条件下，7 月土壤原生动物的类群数和香农指数与线虫的类群数、丰富度指数和香农指数均呈显著正相关关系，而与优势度指数呈显著负相关关系；原生动物的优势度指数与线虫的类群数、丰富度指数、优势度指数和香农指数均呈显著负相关关系（表7.3）。7 月土壤微生物的类群数与线虫的类群数、丰富度指数和香农指数均呈显著正相关关系；原生动物的丰富度指数与线虫的类群数、丰富度指数、香农指数均呈显著负相关关系（表7.3）。

表 7.3　喀斯特生态恢复过程中土壤线虫多样性与原生动物、
微生物多样性指数的简单相关关系（$n=5$）

指标	线虫				
	S	SR	λ	J'	H'
7 月原生动物					
S	0.928*	0.926*	-0.897*	0.837	0.892*
SR	0.849	0.839	-0.782	0.721	0.780
λ	-0.928*	-0.927*	0.899*	-0.840	-0.895*
J'	0.391	0.364	-0.258	0.170	0.246
H'	0.923*	0.922*	-0.895*	0.826	0.885*
7 月微生物					
S	0.940*	0.932*	-0.871	0.847	0.885*
SR	-0.873	-0.858	0.748	-0.866	-0.831
λ	-0.938*	-0.929*	0.866	-0.844	-0.881*

（续表）

指标	线虫				
	S	SR	λ	J'	H'
J'	0.800	0.776	-0.647	0.685	0.696
H'	0.872	0.854	-0.751	0.763	0.787
9月原生动物					
S	0.928*	0.926*	-0.897*	0.837	0.892*
SR	0.849	0.839	-0.782	0.721	0.780
λ	-0.928*	-0.927*	0.899*	-0.840	-0.895*
J'	0.391	0.364	-0.258	0.178	0.246
H'	0.923*	0.922*	-0.895*	0.826	0.885*
9月微生物					
S	0.940*	0.932*	-0.871	0.847	0.885*
SR	-0.873	-0.858	0.748	-0.866	-0.831
λ	-0.938*	-0.929*	0.866	-0.844	-0.881*
J'	0.800	0.776	-0.647	0.685	0.696
H'	0.872	0.854	-0.751	0.763	0.787

注：S. 类群数；SR. 丰富度指数；λ. 优势度指数；J'. 均匀度指数；H'. 香农指数。* 和 ** 分别表示显著（$P<0.05$）和极显著（$P<0.01$）水平

9月土壤原生动物的类群数、香农指数与线虫的类群数、丰富度指数和香农指数均呈显著正相关关系，而与优势度指数呈显著负相关关系；原生动物的优势度指数与线虫的类群数、丰富度指数和香农指数均呈显著负相关关系，而与优势度指数呈显著正相关关系（表7.3）。9月土壤微生物的类群数与线虫的类群数、丰富度指数和香农指数均呈显著正相关关系；土壤微生物的优势度指数与线虫的类群数、丰富度指数和香农指数均呈显著负相关关系（表7.3）。

为了区分评价食物资源、环境条件及其相互作用对土壤线虫群落影响的相对贡献，利用典型对应分析-方差分解分析（CCA-VPA）进行解析，其中根系、细菌、真菌、总的微生物、原生动物生物量视为食物资源，$R_{0.25}$、孔隙度和湿度视为环境条件。分析结果显示：退化喀斯特人工林生态恢复过程中，食物资源、环境条件及其交互作用对线虫类群数（S）变异的贡献分别为21.2%、

19.9%和19.8%，对丰富度指数（SR）变异的贡献分别为27.6%、26.8%和24.5%，对优势度指数（λ）变异的贡献分别为29.3%、25.5%和24.1%，对均匀度指数（J'）变异的贡献分别为24.1%、27.2%和19.4%，对香农多样性指数（H'）变异的相对贡献分别为27.7%、25.4%和33.1%（表7.4）。

表7.4　喀斯特生态恢复过程中食物资源、环境因子及其交互作用对土壤线虫多样性的相对贡献——基于CCA-VPA分析（$n=5$）

指标	食物资源	环境因子	食物资源×环境因子	未解释
S	21.2%	19.9%	19.8%	39.1%
SR	27.6%	26.8%	24.5%	21.1%
λ	29.3%	25.5%	24.1%	21.1%
J'	24.1%	27.2%	19.4%	29.3%
H'	27.7%	25.4%	33.1%	13.8%

注：S. 类群数；SR. 丰富度指数；λ. 优势度指数；J'. 均匀度指数；H'. 香农多样性指数

三、成熟度指数

土壤线虫成熟度指数 MI 在 2.21~2.86，平均为 2.49（图7.6）。比较发现，不同生态恢复年限土壤线虫成熟度指数 MI 在两个采样季节（7月和9月）均存在显著差异（$P<0.05$）。其中，生态恢复后期（4~16年）的成熟度指数 MI 显著高于前期，恢复16年样地土壤线虫成熟度指数 MI 在7月和9月分别为 2.42 和 2.78，较对照样地分别升高 7.6% 和 13.9%。

土壤线虫成熟度指数 $MI2$-5 在 2.24~3.06，平均为 2.56（图7.7）。比较发现，不同生态恢复年限土壤线虫成熟度指数 $MI2$-5 在两个采样季节（7月和9月）均存在显著差异（$P<0.05$）。和 MI 的变化规律相似，生态恢复后期（8~16年）的成熟度指数 $MI2$-5 显著高于前期，恢复16年样地土壤线虫成熟度指数 $MI2$-5 在7月和9月分别为 2.74 和 2.94，较对照样地分别升高 19.7% 和 24.1%。相比之下，$MI2$-5 的提升幅度和敏感性高于 MI。

植物寄生线虫成熟度指数 PPI 在 2.19~3.70，平均为 2.73（图7.8）。比较发现，不同生态恢复年限植物寄生线虫成熟度指数 PPI 在两个采样季节（7月和9月）均存在显著差异（$P<0.05$）。和 MI、$MI2$-5 的变化规律相似，生态恢复后期（8~16年）的植物寄生线虫成熟度指数 PPI 显著高于前期，恢复16

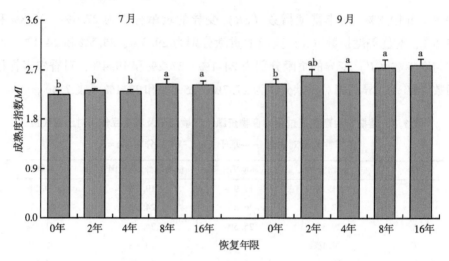

图7.6 喀斯特生态恢复过程中土壤线虫成熟度指数 *MI* 的变化

竖线代表标准差；*n*=4；不同字母表示处理间差异显著（*P*<0.05）

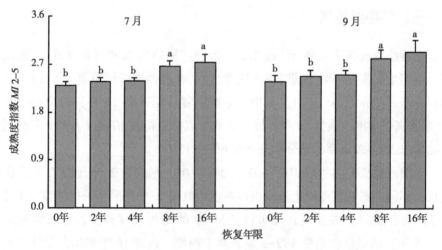

图7.7 喀斯特生态恢复过程中土壤线虫成熟度指数 *MI2-5* 的变化

竖线代表标准差；*n*=4；不同字母表示处理间差异显著（*P*<0.05）

年样地植物寄生线虫成熟度指数 *PPI* 在7月和9月分别为3.52和3.22，较对照样地分别升高45.5%和41.9%。

简单相关分析结果显示：退化喀斯特人工林生态恢复过程中，线虫成熟度指数 *MI*、*MI2-5* 和 *PPI* 均与根系、微生物、原生动物等食物资源数量和孔隙

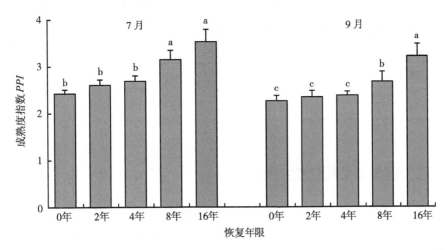

图 7.8　喀斯特生态恢复过程中土壤线虫成熟度指数 *PPI* 的变化

竖线代表标准差；*n*=4；不同字母表示处理间差异显著（*P*<0.05）

度、湿度等环境条件各因子之间存在显著或极显著的正相关关系（表7.5）。

表 7.5　喀斯特生态恢复过程中土壤线虫成熟度指数与食物资源及

环境因子的简单相关关系（*n*=5）

指标	RB	BB	FB	MB	PB	R_{0.25}	湿度	孔隙度
MI	0.954*	0.925*	0.915*	0.924*	0.975*	0.918*	0.989**	0.934*
MI2-5	0.894*	0.932*	0.938*	0.933*	0.981*	0.926*	0.989**	0.994**
PPI	0.895*	0.958*	0.969*	0.960*	0.948*	0.912*	0.968*	0.968*

注：RB. 根系生物量；BB. 细菌生物量 PLFAs；FB. 腐生真菌生物量 PLFAs；MB. 微生物生物量 PLFAs；PB. 原生动物生物量；$R_{0.25}$. >0.25mm 团聚体比例；*MI*. 自由生活线虫成熟度指数；*MI2-5*. c-p 值为 2~5 的自由生活线虫成熟度指数；*PPI*. 植物寄生线虫成熟度指数。* 和 ** 分别表示显著（*P*<0.05）和极显著（*P*<0.01）水平

典型对应分析-方差分解分析（CCA-VPA）结果显示：退化喀斯特人工林生态恢复过程中，食物资源、环境条件及其交互作用对线虫成熟度指数 *MI* 变异的贡献分别为 28.1%、24.2% 和 24.1%，未解释变异 23.6%；对成熟度指数 *MI2-5* 变异的贡献分别为 25.2%、28.9% 和 18.6%，未解释变异 27.3%；对成熟度指数 *PPI* 变异的相对贡献分别为 41.2%、23.2% 和 21.4%，未解释变异 14.2%（表7.6）。

表 7.6　喀斯特生态恢复过程中食物资源、环境因子及其交互作用对土壤线虫
成熟度指数 *MI*、*MI2-5* 和 *PPI* 的相对贡献——基于 CCA-VPA 分析（*n*=5）

指标	食物资源	环境因子	食物资源×环境因子	未解释
MI	28.1%	24.2%	24.1%	23.6%
MI2-5	25.2%	28.9%	18.6%	27.3%
PPI	41.2%	23.2%	21.4%	14.2%

四、富集指数和结构指数

土壤线虫群落的富集指数（*EI*）和结构指数（*SI*）分别在 29.8～64.5 和 51.4～77.9，平均分别为 47.4 和 64.9（图 7.9）。比较发现，喀斯特不同生态恢复年限土壤线虫富集指数（*EI*）和结构指数（*SI*）均存在显著差异（$P <$ 0.05）。其中，富集指数（*EI*）随着恢复年限总体呈上升趋势，恢复至 16 年高达 61.4（7 月）和 58.9（9 月），较对照样地提升 95.5% 和 77.4%；生态恢复后期（8～16 年）的结构指数（*SI*）显著高于前期，恢复 16 年样地的结构指数（*SI*）高达 71.5（7 月）和 74.6（9 月），较对照样地提升 25.9% 和 20.1%。

简单相关分析结果显示：退化喀斯特人工林生态恢复过程中，线虫富集指数（*EI*）与根系、微生物、原生动物等食物资源数量和孔隙度、湿度等环境条件各因子之间存在显著或极显著的正相关关系，结构指数（*SI*）与原生动物生物量和湿度、孔隙度之间均存在显著或极显著的正相关关系（表 7.7）。

表 7.7　喀斯特生态恢复过程中土壤线虫富集指数及结构指数
与食物资源及环境因子的简单相关关系（*n*=5）

指标	RB	BB	FB	MB	PB	$R_{0.25}$	湿度	孔隙度
EI	0.971**	0.978**	0.969*	0.977**	0.967*	0.919*	0.880*	0.919*
SI	0.804	0.848	0.859	0.850	0.937*	0.874	0.993**	0.981**

注：*EI*. 富集指数；*SI*. 结构指数；RB. 根系生物量；BB. 细菌生物量 PLFAs；FB. 腐生真菌生物量 PLFAs；MB. 微生物生物量 PLFAs；PB. 原生动物生物量；$R_{0.25}$. >0.25mm 团聚体比例。* 和 ** 分别表示显著（$P < 0.05$）和极显著（$P < 0.01$）水平

通过典型对应分析-方差分解分析（CCA-VPA）定量解析食物资源（根系、细菌、真菌、原生动物）、环境条件（团聚体稳定性、孔隙度、湿度）及

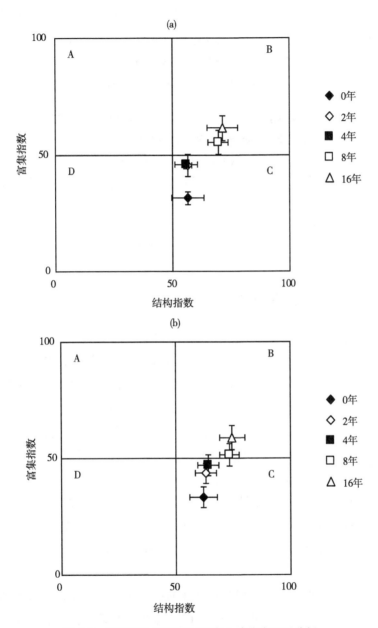

图7.9　喀斯特生态恢复过程中土壤线虫区系分析

横线代表结构指数的标准差，竖线代表富集指数的标准差。a. 7月；b. 9月

其交互作用对线虫富集指数（*EI*）和结构指数（*SI*）变异的相对贡献。典型对

应分析-方差分解分析（CCA-VPA）结果显示：退化喀斯特人工林生态恢复过程中，食物资源、环境条件及其交互作用对线虫富集指数（*EI*）变异的贡献分别为41.1%、24.3%和25.1%，未解释变异9.5%；对结构指数（*SI*）变异的贡献分别为19.9%、35.7%和31.1%，未解释变异13.3%（表7.8）。

表7.8　喀斯特生态恢复过程中食物资源、环境因子及其交互作用

对土壤线虫富集指数和结构指数的相对贡献——

基于 CCA-VPA 分析（$n=5$）

指标	食物资源	环境因子	食物资源×环境因子	未解释
富集指数	41.1%	24.3%	25.1%	9.5%
结构指数	19.9%	35.7%	31.1%	13.3%

五、线虫数量及生物量

土壤线虫总数在 76～432 条·100g^{-1}干土之间，平均为 206 条·100g^{-1}干土，其中以食细菌线虫和食真菌线虫占优势，二者的平均相对多度分别为55.1%和29.0%（图7.10）。比较发现，不同生态恢复年限土壤各营养类群线虫数量及线虫总数在两个季节（7月和9月）均存在显著差异（$P<0.05$）。其中，石漠化对照样地的土壤各营养类群线虫数量及线虫总数最低（7月和9月线虫总数分别仅为101 条·100g^{-1}干土和88 条·100g^{-1}干土），之后随着恢复年限的延长呈逐渐增加趋势，恢复至16年土壤食细菌线虫、食真菌线虫、植物寄生线虫和捕食-杂食线虫数量7月分别增加到2.7倍、7.2倍、4.0倍和55.3倍，9月分别增加到2.7倍、7.1倍、3.9倍和55.4倍；恢复16年样地7月和9月土壤线虫总数分别达417 条·100g^{-1}干土和367 条·100g^{-1}干土，分别是对照样地的4.1倍和4.2倍。

简单相关分析结果显示：喀斯特人工林生态恢复过程中，土壤各营养类群线虫数量及线虫总数与根系生物量（RB）、细菌、真菌及微生物总量、原生动物生物量以及 R$_{0.25}$、湿度和孔隙度之间均呈显著或极显著的正相关关系（除了食细菌线虫与 R$_{0.25}$和孔隙度之间、捕食-杂食线虫与植物根系生物量和 R$_{0.25}$之间）（表7.9）；此外，捕食-杂食线虫数量与食细菌、食真菌和植物寄生线虫

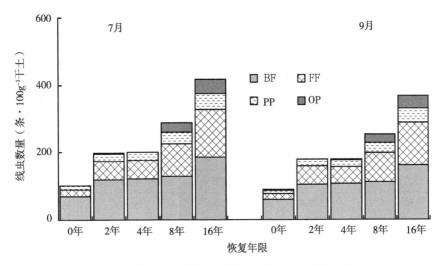

图 7.10 喀斯特生态恢复过程中土壤线虫数量的变化

BF、FF、PP、OP 分别代表食细菌线虫、食真菌线虫、植物寄生线虫和捕食–杂食线虫

数量之间也存在显著正相关关系（结果未显示）。

表 7.9 喀斯特生态恢复过程中线虫数量与食物资源及环境因子间的简单相关关系（n=5）

指标	RB	BB	FB	MB	PB	$R_{0.25}$	湿度	孔隙度
BF	0.920*	0.984**	0.979**	0.983**	0.903*	0.869	0.892*	0.842
FF	0.917*	0.981**	0.984**	0.981**	0.98**	0.937*	0.946*	0.959**
PP	0.931*	0.992**	0.994**	0.992**	0.967*	0.931*	0.931*	0.950*
OP	0.807	0.889*	0.905*	0.892*	0.933*	0.880	0.994**	0.978**
TN	0.922*	0.990**	0.993**	0.991**	0.970*	0.924*	0.925*	0.942*

注：BF. 食细菌线虫；FF. 食真菌线虫；PP. 植物寄生线虫；OP. 捕食–杂食线虫；TN. 总的线虫；RB. 根系生物量；BB. 细菌生物量 PLFAs；FB. 腐生真菌生物量 PLFAs；MB. 微生物生物量 PLFAs；PB. 原生动物生物量；$R_{0.25}$. > 0.25mm 团聚体比例。* 和 ** 分别表示显著（$P < 0.05$）和极显著（$P < 0.01$）水平

　　将微生物作为食微线虫的直接食物资源，根系作为间接食物资源；所有这些加上食细菌、食真菌和植物寄生线虫数量，作为捕食–杂食线虫的直接和间接食物资源；根系作为植物寄生线虫的寄主食物资源；团聚体稳定性、湿度、孔隙度作为所有类群线虫的环境条件，进行典型对应分析–方差分解分析

（CCA-VPA），结果显示：食物资源、环境条件及其交互作用对食细菌线虫数量变异的贡献分别为37.7%、24.4%和19.8%，对食真菌线虫数量变异的贡献分别为41.1%、25.4%和16.7%，对植物寄生线虫数量变异的相对贡献分别为37.1%、28.4%和21.1%，对捕食-杂食线虫数量变异的贡献分别为25.6%、37.9%和22.1%，对线虫总数变异的贡献分别为28.9%、29.1%和23.4%（表7.10）。

表7.10　喀斯特生态恢复过程中食物资源、环境因子及其交互作用
对土壤线虫数量的相对贡献——基于CCA-VPA分析（$n=5$）

指标	食物资源	环境因子	食物资源×环境因子	未解释
BF	37.7%	24.4%	19.8%	18.10%
FF	41.1%	25.4%	16.7%	16.80%
PP	37.1%	28.4%	21.1%	13.40%
OP	25.6%	37.9%	22.1%	14.40%
TN	28.9%	29.1%	23.4%	18.60%

注：BF. 食细菌线虫；FF. 食真菌线虫；PP. 植物寄生线虫；OP. 捕食-杂食线虫；TN. 总的线虫

土壤线虫生物量碳在689~4987μg·kg^{-1}，平均为2319μg·kg^{-1}，其中在生态恢复前期（0~4年）以食细菌线虫占优势，所占比例达63.8%；后期则以捕食-杂食线虫和食细菌线虫所占的比例较大，分别为47.9%和29.5%（图7.11）。比较发现，喀斯特不同生态恢复年限土壤各营养类群线虫及线虫总生物量碳在两个季节（7月和9月）均存在显著差异（$P<0.05$）。与线虫数量的变化规律一致，石漠化对照样地的土壤各营养类群线虫及线虫总生物量碳最低（7月和9月线虫总生物量碳分别仅为810μg·kg^{-1}和701μg·kg^{-1}），之后随着恢复年限的延长总体呈逐渐增加趋势。较对照样地相比，恢复16年样地土壤食细菌线虫、食真菌线虫、植物寄生线虫和捕食-杂食线虫生物量碳7月分别增加到2.6倍、6.8倍、4.2倍和48.6倍，9月分别增加到2.6倍、7.0倍、4.2倍和48.1倍；线虫总生物量碳增加到6.1倍（7月）和6.2倍（9月）。

简单相关分析结果显示：喀斯特人工林生态恢复过程中，土壤各营养类群线虫生物量碳及线虫总生物量与根系生物量（RB）、细菌、真菌及微生物总量、原生动物生物量、$R_{0.25}$、湿度和孔隙度之间均呈显著或极显著的正相关关系（除了捕食-杂食线虫与植物根系生物量和$R_{0.25}$之间）（表7.11）；此外，捕

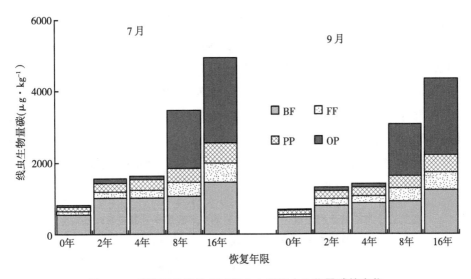

图 7.11 喀斯特生态恢复过程中土壤线虫生物量碳的变化

BF、FF、PP、OP 分别代表食细菌线虫、食真菌线虫、植物寄生线虫和捕食–杂食线虫

食–杂食线虫生物量与食细菌、食真菌线虫和植物寄生线虫生物量碳之间也存在显著正相关关系（结果未显示）。

表 7.11 喀斯特生态恢复过程中土壤线虫生物量碳与食物资源及

环境因子的简单相关关系（n=5）

指标	RB	BB	FB	MB	PB	$R_{0.25}$	湿度	孔隙度
BFC	0.942*	0.984**	0.976**	0.983**	0.890*	0.855	0.961**	0.845
FFC	0.931*	0.978**	0.981**	0.979**	0.965*	0.910*	0.961**	0.977**
PPC	0.936*	0.993**	0.995**	0.993**	0.963*	0.921*	0.934*	0.953*
OPC	0.810	0.988**	0.904*	0.892*	0.930*	0.879	0.995**	0.979**
TNC	0.908*	0.973**	0.979**	0.974**	0.955*	0.907*	0.966**	0.975**

注：RB. 根系生物量；BB、FB、MB. 分别表示细菌、腐生真菌和总的微生物生物量（PLFAs）；PB. 原生动物生物量；$R_{0.25}$. > 0.25mm 团聚体比例；BFC、FFC、PPC、OPC、TNC 分别代表食细菌线虫生物量碳、食真菌线虫生物量碳、植物寄生线虫生物量碳、捕食–杂食线虫生物量碳、总的线虫生物量碳。
* 和 ** 分别表示显著（P<0.05）和极显著（P<0.01）水平

将微生物作为食微线虫的直接食物资源，根系作为间接食物资源；所有这些加上食细菌、食真菌线虫和植物寄生线虫，作为捕食–杂食线虫的直接和间接食物资源；根系作为植物寄生线虫的寄主食物资源；团聚体稳定性、湿度、孔隙度作为所有类群线虫的环境条件，进行典型对应分析-方差分解分析（CCA-VPA），其结果显示：食物资源、环境条件及其交互作用对食细菌线虫生物量碳变异的贡献分别为 36.9%、25.1% 和 22.8%，对食真菌线虫生物量碳变异的贡献分别为 36.1%、23.6% 和 19.9%，对植物寄生线虫生物量碳变异的相对贡献分别为 39.2%、29.1% 和 18.8%，对捕食-杂食线虫生物量碳变异的贡献分别为 24.2%、36.5% 和 27.2%，对线虫总生物量碳变异的贡献分别为 25.8%、28.7% 和 31.5%（表 7.12）。

表 7.12　喀斯特生态恢复过程中食物资源、环境因子及其交互作用对土壤
线虫生物量碳的相对贡献——基于 CCA-VPA 分析（$n=5$）

指标	食物资源	环境因子	食物资源×环境因子	未解释
BFC	36.9%	25.1%	22.8%	15.2%
FFC	36.1%	23.6%	19.9%	20.4%
PPC	39.2%	29.1%	18.8%	12.9%
OPC	24.2%	36.5%	27.2%	12.1%
TNC	25.8%	28.7%	31.5%	14.0%

注：BFC, FFC, PPC, OPC, TNC. 分别代表食细菌线虫生物量碳、食真菌线虫生物量碳、植物寄生线虫生物量碳、捕食-杂食线虫生物量碳、总的线虫生物量碳

运用结构方程模型对喀斯特人工林生态恢复下土壤线虫微食物网的上行效应进行定量解析，根据各功能群的取食关系，引入相关变量并构建食物网，分析结果显示：根系生物量（R）显著影响细菌（B）、腐生真菌（F）、丛枝菌根真菌（AMF）和植物寄生线虫（PP）生物量；细菌（B）显著影响原生动物（P）和食细菌线虫（BF）生物量；腐生真菌（F）、丛枝菌根真菌（AMF）显著影响食真菌线虫（FF）生物量；原生动物（P）、植物寄生线虫（PP）、食真菌线虫（FF）显著影响捕食-杂食线虫（OP）生物量（图 7.12）。

六、代谢足迹

土壤线虫总的碳足迹在 987~5981μg·kg^{-1}，平均为 2862μg·kg^{-1}，其中在

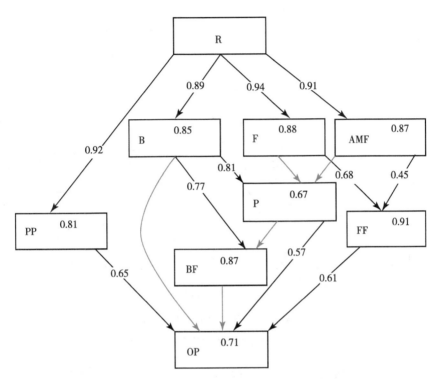

图 7.12　喀斯特生态恢复过程中土壤线虫食物网上行效应的结构方程模型

箭头上的数字为标准化的通径系数，黑色箭头表示显著相关关系，灰色箭头表示无显著
相关关系或者为了优化模拟而移除的路径，变量上的百分数表示模型所能解释的变异，
R. 根系生物量；B、F 和 AMF. 分别为细菌、腐生真菌和丛枝菌根真菌生物量
（PLFAs），P. 原生动物生物量碳；BF、FF、PP 和 OP. 分别表示食细菌线虫、食真菌线
虫、植物寄生线虫和捕食-杂食线虫生物量碳

生态恢复前期（0~4 年）以食细菌线虫的贡献最多，所占比例达 70.4%；后期
则以食细菌线虫和捕食-杂食线虫二者的贡献较大，分别为 40.7% 和 33.9%
（图 7.13）。比较发现，喀斯特不同生态恢复年限土壤各营养类群线虫及线虫总
的碳足迹在两个季节（7 月和 9 月）均存在显著差异（$P<0.05$）。与线虫生物
量碳的变化规律相近，石漠化对照样地的土壤各营养类群线虫及线虫总的碳足
迹最低（7 月和 9 月线虫总的碳足迹分别仅为 1169μg·kg^{-1} 和 1009μg·kg^{-1}），
之后随着恢复年限的延长总体呈逐渐增加趋势，恢复至 16 年，土壤食细菌线
虫、食真菌线虫、植物寄生线虫和捕食-杂食线虫碳足迹 7 月分别增加到 2.7

倍、6.9倍、4.2倍和49.7倍，9月分别增加到2.7倍、7.0倍、4.1倍和49.2倍；线虫总的碳足迹增加到4.8倍（7月）和4.9倍（9月）。

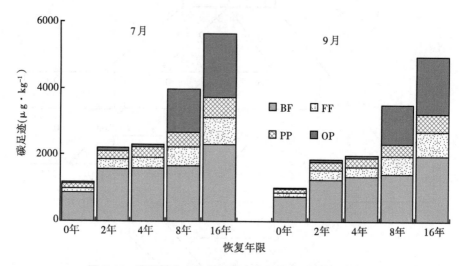

图7.13 喀斯特生态恢复过程中土壤线虫碳足迹的变化

BF. 食细菌线虫；FF. 食真菌线虫；PP. 植物寄生线虫；OP. 捕食-杂食线虫

土壤线虫功能碳足迹（F_f）在847~5541μg·kg^{-1}，平均为2534μg·kg^{-1}，其中在生态恢复前期（0~4年）以富集足迹（F_e）的贡献较大，所占比例达63.8%；后期则以结构足迹（F_s）的贡献较大，所占比例为58.6%（图7.14）。比较发现，喀斯特不同生态恢复年限土壤线虫的富集足迹（F_e）、结构足迹（F_s）和功能足迹（F_f）在两个季节（7月和9月）均存在显著差异（$P<0.05$），三者在石漠化对照样地最低，之后随着恢复年限的延长总体呈逐渐升高趋势。较对照样地相比，恢复16年样地土壤线虫的富集足迹（F_e）、结构足迹（F_s）和功能足迹（F_f）7月分别增加到3.2倍、8.1倍和4.9倍，9月分别增加到3.2倍、8.3倍和5.0倍。

简单相关分析结果显示：退化喀斯特人工林生态恢复过程中，土壤各营养类群线虫碳足迹及总的线虫碳足迹均与植物根系生物量、微生物、原生动物等食物资源和孔隙度、湿度等环境条件绝大部分指标之间呈显著或极显著正相关关系（表7.13）。富集足迹（F_e）、结构足迹（F_s）和功能足迹（F_f）亦均与这些指标绝大多数之间呈显著或极显著正相关关系（表7.13）。

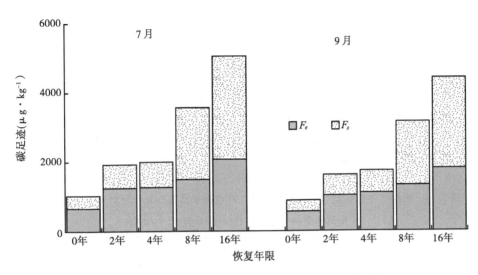

图 7.14　喀斯特生态恢复过程中土壤线虫功能足迹的变化

F_e 和 F_s 分别代表富集足迹和结构足迹

表 7.13　喀斯特生态恢复过程中土壤线虫代谢足迹与食物资源及环境因子

的简单相关关系 （n=5）

指标	RB	BB	FB	MB	PB	$R_{0.25}$	湿度	孔隙度
F_{BF}	0.939*	0.984**	0.977**	0.983**	0.901*	0.868	0.959**	0.845
F_{FF}	0.929*	0.979**	0.982**	0.980**	0.979**	0.932*	0.959**	0.974**
F_{PP}	0.935*	0.993**	0.995**	0.993**	0.966*	0.929*	0.934*	0.953*
F_{OP}	0.809	0.995**	0.979**	0.891*	0.932*	0.880	0.904*	0.891*
F_{TN}	0.907*	0.966**	0.974**	0.973**	0.983**	0.922*	0.979**	0.974**
F_e	0.949*	0.996**	0.993**	0.996**	0.980**	0.903*	0.989**	0.903*
F_s	0.860	0.934*	0.945	0.936*	0.993**	0.905*	0.989**	0.984**
F_f	0.903*	0.970**	0.977**	0.971**	0.889*	0.920*	0.968**	0.975**

注：RB. 根系生物量；BB. 细菌生物量 PLFAs；FB. 腐生真菌生物量 PLFAs；MB. 总的微生物 PLFAs；
PB. 原生动物生物量；$R_{0.25}$. >0.25mm 团聚体比例；F_{BF}. 食细菌线虫碳足迹；F_{FF}. 食真菌线虫碳足迹；
F_{PP}. 植物寄生线虫碳足迹；F_{OP}. 捕食-杂食线虫碳足迹；F_{TN}. 线虫总的碳足迹；F_e. 富集足迹；F_s 结构
足迹，F_f 功能足迹。* 和 ** 分别表示显著 （P<0.05）和极显著 （P<0.01）水平

CCA-VPA 分析结果显示：退化喀斯特人工林生态恢复过程中，食物资源、
环境条件及其交互作用对食细菌线虫碳足迹（F_{BF}）的贡献分别为 31.4%、

27.8%和21.4%，对食真菌线虫碳足迹（F_{FF}）的贡献分别为36.7%、21.2%、24.5%，对植物寄生线虫碳足迹（F_{PP}）的贡献分别为40.1%、27.6%、22.1%，对捕食-杂食线虫碳足迹（F_{OP}）的贡献分别为24.2%、33.8%、26.7%，对线虫总的碳足迹（F_{TN}）的贡献分别为31.2%、28.9%、22.5%，对富集足迹（F_e）的贡献分别为41.1%、16.1%、33.4%，对结构足迹（F_s）的贡献分别为18.7%、38.9%、26.7%，对功能足迹（F_f）的贡献分别为24.7%、28.2%、31.1%（表7.14）。

表7.14 喀斯特生态恢复过程中食物资源、环境因子及其交互作用对土壤线虫碳足迹的相对贡献——基于 CCA-VPA 分析（$n=5$）

指标	食物资源	环境因子	食物资源×环境因子	未解释
F_{BF}	31.4%	27.8%	21.4%	19.4%
F_{FF}	36.7%	21.2%	24.5%	17.6%
F_{PP}	40.1%	27.6%	22.1%	10.2%
F_{OP}	24.2%	33.8%	26.7%	15.3%
F_{TN}	31.2%	28.9%	22.5%	17.4%
F_e	41.1%	16.1%	33.4%	9.4%
F_s	18.7%	38.9%	26.7%	15.7%
F_f	24.7%	28.2%	31.1%	16.0%

注：F_{BF}. 食细菌线虫碳足迹；F_{FF}. 食真菌线虫碳足迹；F_{PP}. 植物寄生线虫碳足迹；F_{OP}. 捕食-杂食线虫碳足迹；F_{TN}. 线虫总的碳足迹；F_e. 富集足迹；F_s. 结构足迹；F_f. 功能足迹

七、线虫通路指数

线虫通路比值（NCR）在 0.48~0.81，平均为 0.63（图 7.15）。比较发现，喀斯特不同生态恢复年限土壤线虫通路比值（NCR）存在显著差异（$P<0.05$）。在两个采样季节，随着喀斯特生态恢复年限的延长，线虫通路比值（NCR）均趋于降低。较对照样地相比，16 年恢复样地的线虫通路比值（NCR）在两个季节均降低 28.2%。

食真菌线虫：食细菌线虫生物碳比例（FFC/BFC）在 0.11~0.43，平均为 0.27（图 7.16）。比较发现，喀斯特不同生态恢复年限的 FFC/BFC 存在显著差异（$P<0.05$）。在两个采样季节，和线虫通路比值（NCR）的变化规律相反，

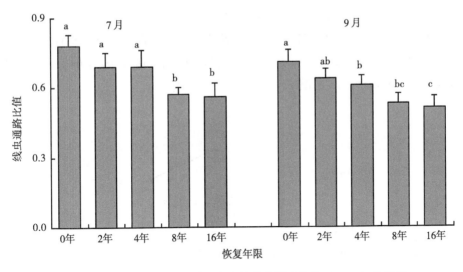

图 7.15　喀斯特生态恢复过程中土壤线虫通路比值（NCR）的变化

竖线代表标准差；$n=4$；不同字母表示处理间差异显著（$P<0.05$）

随着喀斯特生态恢复年限的延长，FFC/BFC 均趋于升高。较对照样地相比，16 年恢复样地的 FFC/BFC 升高 2.7 倍（7 月）和 2.6 倍（9 月）。

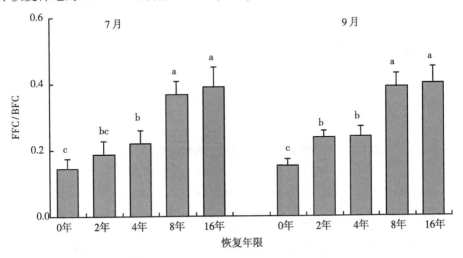

图 7.16　喀斯特生态恢复过程中食真菌线虫：食细菌线虫生物碳比例（FFC/BFC）的变化

竖线代表标准差；$n=4$；不同字母表示处理间差异显著（$P<0.05$）

通过线性回归分析定量解析喀斯特人工林生态恢复过程中土壤线虫通路比

值（NCR）与真菌：细菌比例（F/B）之间的关系。线性回归分析结果显示：退化喀斯特人工林生态恢复过程中，土壤线虫通路比值（NCR）与真菌：细菌比例（F/B）之间呈显著负相关关系（7月；$R^2 = 0.7457$；$P < 0.05$）和极显著（9月；$R^2 = 0.9417$；$P < 0.01$）负相关关系（图 7.17）。

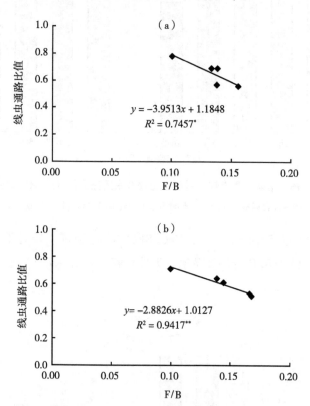

图 7.17　喀斯特生态恢复过程中土壤线虫通路比值（NCR）
与真菌：细菌比例（F/B）的相关关系

$n = 5$；a. 7月；b. 9月；* 和 ** 分别表示显著（$P < 0.05$）和极显著水平（$P < 0.01$）

　　线性回归分析结果显示：退化喀斯特人工林生态恢复过程中，土壤食真菌线虫：食细菌线虫生物碳比例（FFC/BFC）与真菌：细菌比例（F/B）之间的相关关系在7月未达显著水平；但在9月达极显著正相关关系（$R^2 = 0.8845$；$P < 0.01$）（图 7.18）。

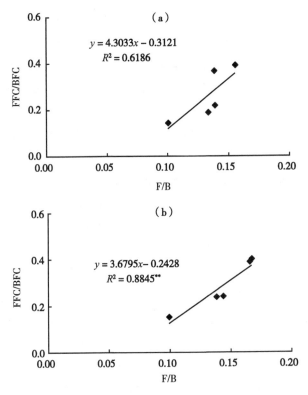

图 7.18 喀斯特生态恢复过程中食真菌线虫：食细菌线虫碳足迹比例（FFC/BFC）
与真菌：细菌比例（F/B）的相关关系

$n=5$；a. 7 月；b. 9 月；** 表示极显著水平（$P<0.01$）

第三节　生态恢复对线虫群落组成和多样性的影响

冗余度分析（RDA）结果显示，不同年限生态恢复样地被很好地区分开来，说明喀斯特生态恢复过程中土壤线虫群落组成、食物资源及环境因子发生明显变化。食物资源和环境因子可以解释土壤线虫群落组成 52.03% 的变化，其中植物根系（RB）、细菌（BB）、真菌（FB）、原生动物（PB）、$R_{0.25}$、孔隙度、湿度与线虫属真滑刃属（*Aphelenchus*）、缢咽属（*Axonchium*）、真矛线属（*Eudorylaimus*）、丝尾垫刃属（*Filenchus*）、小杆线虫属（*Rhabditonema*）、小矛属（*Microdorylaimus*）等有相对较好的正相关关系，而线虫属丽突属

（*Acrobeles*）、细纹垫刃属（*Lelenchus*）等在食物资源较低和环境条件较差的区域分布，说明其对石漠化胁迫的耐受性较强。所以，喀斯特生态恢复过程中，微生物等食物资源和湿度等土壤环境条件共同驱动土壤线虫群落组成的演变。

本研究中，随着喀斯特生态恢复年限的延长，土壤线虫群落类群数、丰富度指数、均匀度指数和香农指数均有不同程度的升高，而优势度指数显著降低，说明土壤线虫多样性显著提高。地上植物多样性和地下生物多样性之间通常密切关联（Kardol et al.，2005；Wall et al.，2002）。在本研究中，随着喀斯特生态恢复年限的延长，地上植被物种数（VSN）逐渐增多，多样性呈明显升高趋势，且简单相关分析结果显示，土壤线虫多样性各个指标（丰富度指数 *SR*、均匀度指数 *J'*、香农多样性指数 *H'*）均与 VSN 之间存在显著或极显著的正相关关系，反映了地上-地下生物多样性的关联性。此外，在石漠化样地的食物资源数量缺乏和环境恶化的条件下，一些线虫属如无咽属（*Alaimus*）、垫咽属（*Tylencholaimus*）、肾形属（*Rotylenchulus*）、缢咽属（*Axonchium*）、小矛属（*Microdorylaimus*）、中矛线属（*Mesodorylaimus*）等因受胁迫而消失，而在生态恢复后随着食物资源增多和环境条件改善，这些属逐渐得到恢复，从而使线虫多样性得到显著提高，所以根系、微生物等食物资源数量和湿度等环境条件也是线虫多样性的重要驱动因子。简单相关分析结果显示，土壤线虫多样性各个指标均与根系、微生物等食物资源数量和湿度等环境条件大多数指标之间存在显著或极显著的相关关系。从 CCA-VPA 分析结果来看，食物资源和环境条件对线虫群落多样性的驱动作用程度相当。类似的，Guan 等（2015）研究发现，随着科尔沁沙漠植被恢复年限的延长，土壤线虫群落的香农多样性指数（*H'*）呈升高趋势；但是 Kardol 等（2005）的研究指出，地上植被的恢复并没有伴随着地下生物群落的演替：植被多样性的恢复并不意味着地下生物多样性的恢复。这些不同的研究结果可能归因于不同的研究条件，包括植被类型、时间尺度和研究地点等。

第四节　生态恢复对线虫群落生活史和功能团生态特征的影响

线虫成熟度指数（*MI*）综合了自由生活线虫科的定性和定量信息

（Bongers，1990），它根据线虫的生活史策略，将线虫各个科赋予 1~5 不同的 c-p（colonizer-persister）得分，其中 c-p 值较低的类群生长繁殖较快，对养分富集敏感，而 c-p 值较高的类群通常生长繁殖较慢，对干扰或胁迫的响应更为敏感。对于养分富集（例如土壤有机质积累）和干扰胁迫（例如耕作），相应敏感的线虫科可以表现出相反的响应（Deng et al.，2015）：在养分富集条件下，土壤微生物特别是细菌迅速繁殖增加，进而线虫 r 策略者（c-p 值为 1 和 2 的类群）发生快速响应，其相对丰度提高，MI 降低（Freckman & Ettema，1993；Neher，1999；Forge & Simard，2000；Bulluck et al.，2002；Forge et al.，2005）；在干扰或胁迫条件下，线虫 K 策略者（c-p 值为 3~5 的类群）响应迅速，其丰度及相对丰度降低，MI 降低（Bongers & Korthals，1994）。所以，线虫成熟度指数（MI）通常用来表征线虫食物网的结构和复杂程度，指示食物网的干扰或胁迫状况，但在某些情况下，MI 的变化则是由食物网养分富集状况的变化所导致。在利用成熟指数评价食物网结构时，为了避免养分富集的干扰，于是提出 MI2-5，该指数剔除了对养分富集响应最为敏感的机会主义 c-p1 类群，相对来说能更加有效反映食物网的结构和受干扰胁迫状况。在本研究中，喀斯特生态恢复 4 至 8 年以后，MI 较石漠化对照样地显著提高，但提升幅度较低，而 MI2-5 的提升幅度较大，变化更加明显。这说明喀斯特生态恢复后期，由于耕作扰动的消失和环境胁迫作用的减弱，K 策略者较大幅度的恢复，相对丰度提高，食物网趋于复杂化。较 MI2-5 而言，MI 的变化不够明显，指示作用较弱，这是因为喀斯特生态恢复过程中伴随着土壤养分的积累，这在一定程度上限制 MI 的提高。

　　简单相关分析结果显示，MI、MI2-5 均与土壤微生物、养分等食物（底物）资源、湿度等环境因子之间存在显著或极显著的正相关关系，证明喀斯特生态恢复过程中，湿度等环境条件的改善是食物网结构恢复的重要驱动力。土壤养分等底物及食物资源与成熟度指数的正相关关系只有统计学意义，没有实际生态学意义。本研究中的 MI 只能一定程度上反映食物网结构的变化，而不能指示土壤养分的积累。植物寄生线虫成熟度指数（PPI）通常与寄主植物生产力密切相关，生产力越高其承载力越强，越能提供较高 c-p 值寄生线虫更多的机会进行取食，进而 PPI 越高（Bongers & Bongers，1998；Urzelai et al.，2000；Ugarte et al.，2013）。在本研究的喀斯特生态恢复过程中，植物根系生物量（RB）逐渐增加，且简单相关分析结果显示 *PPI* 与 RB 之间存在显著正相关关系，说明植被生产力恢复是植物寄生线虫成熟度提升的重要驱动力。当然，土壤湿度、孔隙度等环境条件的恢复改善也可能是 *PPI* 提升的控制因子，简单相关分析结果显示：*PPI* 与土壤湿度、孔隙度之间均呈极显著正相关关系，但从 CCA-VPA 分析结果来看，根系生物量对 *PPI* 变异的贡献（41.2%）大于环境因子的贡献（23.2%），说明植被生产力恢复仍是相对主要驱动因子。

需要指出的是，在喀斯特生态恢复前期，尽管植物根系生物量恢复明显，但 *PPI* 的变化不显著，说明植物寄生线虫群落结构对喀斯特植被恢复的响应具有滞后性。我们的发现虽与 Bongers 的不同（Bongers，1990），但与 Urzelai 等（2000）和 Guan 等（2015）的结论保持一致。

正如上文所提到的，在养分富集和干扰胁迫减轻同时发生的时候，线虫成熟度指数 *MI*、*MI2-5* 只能指示其中之一，而无法同时对两种情况进行指示。于是，Ferris 等改进了 Bongers 的分类思想，通过引入功能团的概念进而提出了食物网综合诊断指标富集指数（*EI*）和结构指数（*SI*）（Ferris et al.，2001）。通常情况下，富集指数（*EI*）因只考虑富集成分（c-p 值为 1 的食细菌线虫和 c-p 值为 2 的食真菌线虫）相对于基础成分（c-p 值为 2 的食细菌和食真菌线虫）的比例，所以可以指示食物网的养分富集状况；结构指数（*SI*）因只考虑结构成分（c-p 值为 3~5 的食细菌、食真菌和捕食-杂食性线虫）相对于基础成分的比例，所以可以指示食物网的结构状况。在本研究中，随着退化喀斯特生态恢复年限的延长，土壤线虫富集指数（*EI*）逐渐升高，这恰恰反映了土壤养分的逐渐积累（Ferris et al.，2001）。这与微生物等食物资源的变化规律一致，且简单相关分析结果显示，富集指数（*EI*）与土壤有机碳、微生物等底物、食物资源之间具有显著的正相关关系，CCA-VPA 也证明了食物资源对于富集指数变异的主导作用，其贡献达41.1%。同 *MI*、*MI2-5* 的变化规律基本一致，喀斯特生态恢复 8 年以后，土壤线虫群落的结构指数（*SI*）显著提高，进一步证明在生态恢复后期土壤食物网趋于复杂化。其原因主要在于，喀斯特生态恢复后期土壤湿度等环境条件得到恢复，胁迫作用明显减弱，所以线虫群落的结构成分响应更加敏感，得到相对更多的恢复。简单相关分析结果表明，结构指数（*SI*）与土壤湿度、孔隙度之间均呈显著正相关关系，CCA-VPA 也证明了环境因子对结构指数变异的主导作用，其贡献达 35.7%。类似的，Kardol

等（2005）研究指出，农耕地撂荒后土壤食物网变得更加复杂，但随后趋于稳定。然而，也有研究发现，在扰动的农田和未干扰的林地之间，土壤线虫群落结构没有明显差异，并解释认为可能存在一种干扰因子阻止林地线虫向结构化方向转变，例如，捕食性螨和其他土壤动物能够抑制较高 c-p 值线虫类群的增长（Hánĕl，2010）。这就是为什么线虫群落结构随生态恢复年龄的变化没有定论的原因（Hohberg，2003）。不管怎样，我们的研究结果验证了线虫区系分析在全面评价土壤食物网的综合性状上优于成熟度指数。

第五节　生态恢复对线虫群落大小和代谢功能的影响

土壤线虫群落受到植物根系、土壤微生物、有机质、孔性、湿度等诸多食物（底物）资源和环境条件的影响。作为寄主，植物活体根系直接影响植物寄生线虫（Yeates，1999）。植物根系残体和土壤有机质是微生物的重要底物资源，直接影响微生物群落结构和功能，而作为食微线虫的主要食物资源，微生物群落则直接对食微线虫群落产生影响（Villenave et al.，2004；Jiang et al.，2013），低营养级的食微线虫进一步影响高营养级的捕食-杂食线虫（Crotty et al.，2011；Jonsson & Wardle，2010；Zhang et al.，2013）。在压实条件下，土壤较大孔隙的减少会导致较大体型线虫的消失（Ritz & Trudgill，1999），体型较大的线虫如捕食-杂食类线虫由于体径较大，在较小孔隙中的移动较差，所以通常会受孔隙空间的限制，对较大孔隙的依赖性强（Hassink et al.，1993；Fujimoto et al.，2010；Briar et al.，2011）。土壤线虫由于主要在土壤孔隙间的水膜中运动，所以受到土壤湿度的影响（李琪等，2007；Briar et al.，2012；Hodson et al.，2014）。其中，"底物-微生物-线虫"的土壤食物网"上行效应"（Bottom-up effect）在生态系统中普遍存在。所以，在本研究中，土壤各营养类群线虫数量及生物量的增加主要归因于根系、微生物、原生动物等食物资源的增多和土壤湿度等环境条件的改善。

简单相关分析结果证明，喀斯特人工林生态恢复过程中，土壤各营养类群线虫数量及生物量均与根系生物量（RB）、细菌、真菌、原生动物生物量、土壤湿度和孔隙度等绝大多数指标之间均呈显著或极显著的正相关关系。但从典型对应分析-方差分解分析（CCA-VPA）结果来看，喀斯特生态恢复过程中，食细菌、真菌线虫和植物寄生线虫相对主要受食物资源的驱动调控，环境条件则是捕食-杂食线虫的主要驱动因子。其中，食物资源的调控作用体现了食物网的上行效应，食微线虫受食物资源的影响较大，说明营养级越低其上行效应越明显。

"捕食-被捕食"通道是土壤微食物网中的主要通道之一（Sánchez-Moreno et al.，2011），食物网中的碳流和能流主要由各个生物功能群之间的取食作用所驱动（Albers et al.，2006；Lenoir et al.，2007）。为了进一步从统计上揭示喀斯特生态恢复过程中土壤线虫微食物网的上行效应，运用结构方程模型对相关变量进行分析，结果发现：根系生物量显著影响细菌、腐生真菌、丛枝菌根真菌和植物寄生线虫生物量，反映了底物对腐生微生物的直接调控作用、根系和菌根真菌的共生关系以及植物寄生线虫和寄主植物的密切联系（Yeates，1999）；细菌进而显著影响了原生动物（P）和食细菌线虫（BF）生物量，真菌进而显著影响了食真菌线虫生物量，反映了微生物分别和原生动物、食微线虫之间的取食关系；原生动物、食真菌和植物寄生线虫生物量进而影响捕食-杂食线虫生物量，反映了原生动物和这些低营养级线虫作为捕食性高营养级线虫的被捕食者（Crotty et al.，2011；Jonsson & Wardle，2010；Zhang et al.，2013），然而在本研究的喀斯特土壤中，似乎食细菌线虫-捕食线虫间的取食关系不明显。结构方程模型结果表明，"上行效应"是喀斯特生态恢复过程中土壤微食物网演变的重要驱动力。

线虫足迹，作为线虫碳代谢的指标，不仅可以指示线虫群落对资源的响应，而且直观反映了线虫群落所提供的功能和生态服务（Zhang et al.，2015）。在本研究的喀斯特生态恢复过程中，与线虫数量、生物量的变化一致，线虫各营养类群及总的碳足迹呈逐渐增加趋势。各营养类群碳足迹的增加，说明通过各个营养通道进入食物网的碳流和能流的增加（Ferris，2010）。简单相关分析结果显示，土壤各营养类群线虫碳足迹及总的线虫足迹均与植物根系生物量、微生物、原生动物、土壤湿度等绝大多数指标之间呈显著或极显著正相关关系，说明喀斯特生态恢复过程中，食物资源和环境条件共同驱动了线虫碳足迹的演变。但 CCA-VPA 分析结果表明，食物资源对食细菌、食真菌和植物寄生线虫碳足迹的驱动起相对主导作用（贡献分别达 31.4%、36.7%和 40.1%），而环境条件是捕食-杂食线虫碳足迹的主要驱动因子（贡献达 33.8%）。

富集足迹（F_e）可以看作是通过 r-策略者的碳流、能流指标，并代表了食物网的资源输入。富集足迹 F_e 的增加，表明喀斯特生态恢复过程中资源输入的增多，并且这种增加的被捕食者生物量和代谢活动，可能足以满足捕食者（线虫结构指标类群）的生长需要，进而有利于维持食物网系统的代谢平衡（Ferris，2010）。结构足迹（F_s）主要反映了 K-策略者的代谢活动，并代表了食物网的净资源输出，在食物网中可能具有调节功能（Ferris et al.，2012a）。喀斯特生态恢复后期结构足迹（F_s）的增加，表明较高营养级捕食-杂食线虫代谢活动的增加，这个可能意味着捕食压力导致的下行效应的增强。功能足迹（F_f）的增加表明喀斯特生态恢复后用于线虫生产的碳增多，线虫群落的生态服务功能增强（Zhang et al.，2012）。简单相关分析结果显示，富集足迹（F_e）、结构足迹（F_s）和功能足迹（F_f）与植物根系生物量、土壤有机碳、微生物、湿度等指标呈显著或极显著正相关关系（除了结构足迹与植物根系生物量、真菌生物量之外），说明喀斯特生态恢复过程中，食物资源和环境条件共同驱动了线虫各部分功能碳足迹的演变。但 CCA-VPA 分析结果表明，食物资源对于富集足迹的驱动起相对主导作用，对其贡献达 41.1%；而环境条件是结构足迹的主要驱动因子，贡献达 38.9%；食物资源和环境条件对功能足迹的贡献相当。

地上植被和地下土壤生物之间联系紧密并相互作用，一方面，植被直接决定了凋落物、根系等资源输入，而且可以影响土壤结构、湿度等土壤环境，从而影响土壤生物；另一方面，土壤生物是土壤有机质分解和养分循环的重要驱动力，也影响土壤结构、湿度等土壤环境，从而影响地上植被。我们发现，在本研究的喀斯特人工林生态恢复过程中，随着地上植被的恢复，根系资源输入和土壤有机质含量增多，土壤结构、孔隙度和湿度有所提高，土壤线虫微食物网的大小、结构和功能得以恢复，这说明地上植被的恢复通过增加资源输入和改善生境条件直接或间接的驱动了地下土壤食物网的恢复演变；反过来，土壤微食物网功能的恢复，必将促进土壤养分的循环，提高土壤养分有效性等化学肥力，也可能改善土壤结构等物理肥力状况，进而有利于地上植被的恢复。所以，在喀斯特人工林生态恢复过程中，地上植被和地下土壤食物网相互作用，协同演替。

第六节　生态恢复对线虫食物网分解通道的影响

线虫通路比值（NCR）和食真菌线虫：食细菌线虫碳足迹比例（FFC/BFC）可以作为评价土壤食物网分解通道的重要指标。在本研究的喀斯特生态恢复过程中，和真菌：细菌（F/B）比例的变化规律一致，食真菌线虫：食细菌线虫碳足迹比例（FFC/BFC）趋于升高，而线虫通路比值（NCR）则呈现出相反的趋势。

线性回归分析结果显示，线虫通路比值（NCR）与真菌：细菌（F/B）比例呈显著或极显著负相关关系，而9月食真菌线虫：食细菌线虫碳足迹比例（FFC/BFC）与真菌：细菌（F/B）比例呈显著正相关关系。这进一步表明，喀斯特生态恢复过程中土壤食物网相对趋向于以真菌分解通道为主。这支持了以往的线虫群落从食细菌通道向食真菌通道转变的生态系统恢复演替观点（Brzeski，1995；Ferris & Manute，2003）以及以真菌分解通道为主的高级演替阶段观点（Bardgett et al.，2005）。

第七节　本章小结

在本研究的退化喀斯特人工林生态恢复过程中，土壤线虫群落特征发生显著变化，主要表现在以下4个方面。

（1）由于微生物、原生动物等食物资源的增多和土壤湿度等环境条件的改善，土壤线虫群落组成发生显著变化，且线虫群落的类群数（S）、丰富度指数（SR）、均匀度指数（J'）和香农指数（H'）均有不同程度的升高，而优势度指数显著降低，说明土壤线虫多样性提高，线虫食物网趋于结构化、复杂化。

（2）生态恢复后期的线虫成熟度指数（MI、$MI2\text{-}5$）和结构指数（SI）显著升高，说明线虫食物网的复杂化、结构化程度增强，但 $MI2\text{-}5$ 的指示效果优于 MI；成熟度指数 PPI 的升高直接反映了植被生产力的恢复；富集指数（EI）的逐渐升高反映了植被恢复过程中土壤养分的积累。

（3）土壤各营养类群线虫数量及生物量趋于增加，各营养类群线虫碳足迹、富集足迹、结构足迹以及总的碳足迹亦呈增加趋势，表明线虫群落大小和代谢功能得以恢复。结构方程模型分析结果表明，上行效应（bottom-up effect）是喀斯特生态恢复土壤微食物网演变的重要驱动力。根据 CCA-VPA 的分析结果，总的来说，较低营养级的 r-策略者主要受微生物、原生动物等食物资源的驱动，而土壤湿度等环境条件是较高营养级 K-策略者的主要驱动因子。

（4）随着真菌：细菌比例（F/B）的升高，食真菌线虫：食细菌线虫生物量碳比例（FFC/BFC）也趋于升高，而线虫通路比值（NCR）趋于降低，表明土壤腐屑食物网相对倾向于以真菌分解通道为主。

第八章 结 论

本文以广西环江典型喀斯特系统为代表，采用空间序列代替时间序列的方法，选择相对邻近的裸地（石漠化对照样地）和系列年限（2年、4年、8年、16年）树人工林生态恢复样地，通过野外实地取样和实验室测定分析，研究了退化喀斯特人工林生态恢复过程中土壤微食物网（微生物-原生动物-线虫）群落大小、功能、多样性、结构、分解通道、生理生态及化学计量等方面的演变特征，并运用 CCA-VPA 和结构方程模型等统计分析方法，结合植被、地下资源输入和土壤关键理化性质的相关关系分析，探讨了土壤微食物网的演变机制和主要驱动因子，其主要结论如下。

（1）退化喀斯特人工林生态恢复过程中，植被根系生物量的增加直接促进丛枝菌根真菌和植物寄生线虫的生长活动；由于根系残体、土壤有机质等底物资源的增多和土壤湿度、孔隙度等环境条件的改善，所以细菌、腐生真菌的生长活动趋于增强；微生物群落和环境条件进而共同驱动了原生动物以及食微线虫的生长活动；植物寄生线虫、原生动物和食微线虫和环境条件进而共同驱动了高营养级的捕食-杂食线虫的生长活动。结构方程模型证明，"上行效应"是土壤线虫食物网群落大小、代谢功能恢复的重要驱动力。根据 CCA-VPA 分析结果，总的来说营养级越低的功能群如微生物群落相对受资源（底物/食物）数量的影响较大，而营养级越高的功能群如捕食-杂食线虫相对受环境条件的影响较大，这也说明营养级越低，食物网的"上行效应"越明显。

（2）退化喀斯特人工林生态恢复过程中，由于地上植被多样性和地下资源（根系、土壤有机质）的增多，以及土壤湿度、孔隙度等环境条件的改善，所以土壤微生物磷脂脂肪酸、原生动物和线虫的群落组成均发生显著变化，各生物功能群的多样性均不同程度的提高。此外，线虫群落的成熟度指数（MI、$MI2-5$）和结构指数（SI）的提高进一步表明线虫食物网的结构化、复杂化程度增强。

（3）退化喀斯特人工林生态恢复过程中，由于根系资源的质量（可分解性）趋于降低（表现为 C/N 和木质素含量趋于增加，而 N 含量趋于减少），相对更加有利于真菌的分解利用，所以真菌：细菌比例（F/B）总体呈升高趋势，进而食真菌线虫：食细菌线虫比例也趋于升高，而线虫通路比值（NCR）趋于降低，说明土壤腐屑食物网倾向于相对以真菌分解通道为主的转变。随着植被根系 C/N 比和土壤 C/N 比的升高，微生物 C/N 比和特征酶活比［β-葡萄糖苷酶/（乙酰氨基葡萄糖苷酶+亮氨酸氨基肽酶）］亦呈升高趋势，表明微生物对资源化学计量的适应性响应。

（4）对照样地的土壤微生物熵小于 2.0，而呼吸熵（$q\mathrm{CO_2}$）大于 2.0，反映了石漠化的胁迫生境；生态恢复后微生物熵和特征酶活性（基于土壤有机质的酶活性）趋于升高而呼吸熵趋于降低，说明喀斯特生态环境得到逐渐改善，胁迫作用减弱。呼吸熵的变化也与微生物群落结构［真菌：细菌比例（F/B）］的改变有关。特征酶活性可以联合微生物熵、呼吸熵一起作为喀斯特生态恢复的微生物生理生态指标。

参考文献

艾山·阿布都热依木，古丽布斯坦，夏扎丹木．2010．土壤原生动物的作用［J］．新疆师范大学学报（自然科学版），29（2）：84-86．

陈小云，李辉信，胡锋，等．2004．食细菌线虫对土壤微生物量和微生物群落结构的影响［J］．生态学报，24（12）：2815-2831．

陈云峰．2008．番茄温室土壤食物网研究及线虫群落对露天煤矿复垦过程的响应［D］．北京：中国农业大学．

陈云峰，曹志平．2008．土壤食物网：结构、能流及稳定性［J］．生态学报，28（10）：5055-5064．

陈云峰，曹志平．2010．甲基溴消毒对番茄温室土壤食物网的抑制［J］．生态学报，30（24）：6862-6871．

陈云峰，胡诚，李双来，等．2011．农田土壤食物网管理的原理与方法［J］．生态学报，31（1）：286-292．

陈云峰，韩雪梅，李钰飞，等．2014a．线虫区系分析指示土壤食物网结构和功能研究进展［J］．生态学报，28（5）：1072-1084．

陈云峰，唐政，李慧，等．2014b．基于土壤食物网的生态系统复杂性-稳定性关系研究进展［J］．生态学报，34（9）：2173-2186．

樊云龙，熊康宁，苏孝良，等．2010．喀斯特高原不同植被演替阶段土壤动物群落特征［J］．山地学报，28（2）：226-233．

高贵龙，邓自民，熊康宁，等．2003．喀斯特的呼唤与希望——贵州喀斯特生态环境建设与可持续发展［M］．贵阳：贵州科技出版社．

郭红艳，万龙，唐夫凯，等．2016．岩溶石漠化区植被恢复重建技术探讨［J］．中国水土保持（3）：34-37．

郭柯，刘长成，董鸣．2011．我国西南喀斯特植物生态适应性与石漠化治理［J］．植物生态学报，35（10）：991-999．

何寻阳，王克林，徐丽丽，等 . 2008. 喀斯特地区植被不同演替阶段土壤细菌代谢多样性及其季节变化 [J]. 环境科学学报，28（12）：2590-2596.

胡宝清，王世杰，严志强，等 . 2004. 喀斯特石漠化灾害预警及其风险评估模型研究 [J]. 地球科学进展，19（增刊）：147-152.

黄秋昊，蔡运龙，王秀春 . 2007. 我国西南部喀斯特地区石漠化研究进展 [J]. 自然灾害学报，16（2）：106-111.

金樑，陈国良，赵银，等 . 2007. 丛枝菌根对盐胁迫的响应及其与宿主植物的互作 [J]. 生态环境，16（1）：228-233.

李翠莲，戴全厚 . 2012. 喀斯特退耕还林地土壤酶活性变化特征 [J]. 湖北农业科学，51（22）：5034-5037.

李辉信，毛小芳，胡锋，等 . 2004. 食真菌线虫与真菌的相互作用及其对土壤氮素矿化的影响 [J]. 应用生态学报，15（12）：2304-2308.

李琪，姜勇，梁文举，等 . 2004. 大气 CO_2 浓度升高对稻田土壤线虫群落的影响 [J]. 生态学杂志，23（3）：34-38.

李琪，梁文举，姜勇 . 2007. 农田土壤线虫多样性研究现状及展望 [J]. 生物多样性，15（2）：134-141.

李玉娟，吴纪华，陈慧丽，等 . 2005. 线虫作为土壤健康指示生物的方法及应用 [J]. 应用生态学报，16（8）：1541-1546.

梁宇，郭良栋，马克平 . 2002. 菌根真菌在生态系统中的作用 [J]. 植物生态学报，26（6）：739-745.

廖庆玉，章金鸿，李玫，等 . 2009. 土壤原生动物研究概况及其在土壤环境中的生物指示作用 [J]. 广州环境科学，24（4）：41-46.

林先贵，胡君利 . 2008. 土壤微生物多样性的科学内涵及其生态服务功能 [J]. 土壤学报，45（5）：892-900.

刘丛强，郎赟超，李思亮，等 . 2009. 喀斯特生态系统生物地球化学过程与物质循环研究：重要性、现状与趋势 [J]. 地学前缘，16（6）：1-12.

刘佳 . 2006. 长期施肥对农田土壤丛枝菌根真菌生物多样性及群落结构的影响 [D]. 兰州：兰州大学 .

刘莉莉, 胡克, 介冬梅, 等 . 2005. 退化羊草草地生态恢复过程中大型土壤动物群落生态特征 [J]. 生态环境, 14 (6): 908-912.

刘立才, 喻红阳, 胡景容 . 2015. 南川地区石漠化土地现状、成因、危害及治理效果 [J]. 绿色科技 (8): 20-23.

刘世亮, 骆永明, 丁克强, 等 . 2004. 菌根真菌对土壤中有机污染物的修复研究 [J]. 地球科学进展, 19 (2): 197-203.

刘新民, 杨劼 . 2005. 沙坡头地区人工固沙植被演替中大型土壤动物生物指示作用研究 [J]. 中国沙漠, 25 (1): 40-44.

刘映良 . 2005. 喀斯特典型山地退化生态系统植被恢复研究 [D]. 南京: 南京林业大学 .

龙健, 邓启琼, 江新荣, 等 . 2005. 西南喀斯特地区退耕还林 (草) 模式对土壤肥力质量演变的影响 [J]. 应用生态学报, 16 (7): 1279-1284.

龙健, 李娟, 江新荣, 等 . 2006. 喀斯特石漠化地区不同恢复和重建措施对土壤质量的影响 [J]. 应用生态学报, 17 (4): 615-619.

娄翼来, 李慧, 姜勇, 等 . 2013. 设施菜地长期施肥对土壤线虫群落组成及多样性的影响 [J]. 土壤通报, 44 (1): 106-109.

毛小芳, 李辉信, 龙梅, 等 . 2005. 不同食细菌线虫取食密度下线虫对细菌数量、活性及土壤氮素矿化的影响 [J]. 应用生态学报, 16 (6): 1112-1116.

邵元虎, 傅声雷 . 2007. 试论土壤线虫多样性在生态系统中的作用 [J]. 生物多样性, 15 (2): 116-123.

司彬, 姚小华, 任华东, 等 . 2008. 黔中喀斯特植被恢复演替过程中土壤理化性质研究 [J]. 江西农业大学学报, 30 (6): 1122-1125.

宋雪英, 宋玉芳, 孙铁珩, 等 . 2004. 土壤原生动物对环境污染的生物指示作用 [J]. 应用生态学报, 15 (10): 1979-1982.

孙炎鑫, 林启美, 赵小蓉, 等 . 2003. 玉米根际与非根际土壤中 4 种原生动物分布特征 [J]. 中国农业科学, 36 (11): 1399-1402.

唐政, 李继光, 李慧, 等 . 2014. 喀斯特土壤微生物和活性有机碳对生态恢复的快速响应 [J]. 生态环境学报, 23 (7): 1130-1135.

唐政, 李继光, 李慧, 等 . 2015. 喀斯特生态恢复过程中土壤原生动物的

指示作用研究 [J]. 生态环境学报, 24 (11): 1808-1813.

王发园, 林先贵, 周健民. 2004. 丛枝菌根与土壤修复 [J]. 土壤, 36 (3): 251-257.

王霖娇, 盛茂银, 李瑞. 2016. 中国南方喀斯特石漠化演替过程中土壤有机碳的响应及其影响因素分析 [J]. 生态科学, 35 (1): 47-55.

王清奎, 汪思龙. 2005. 土壤团聚体形成与稳定机制及影响因素 [J]. 土壤通报, 36 (3): 415-421.

王世杰, 李阳兵, 李瑞玲. 2003. 喀斯特石漠化的形成北京、演化与治理 [J]. 第四纪研究, 2 (6): 657-666.

王曙光, 侯彦林. 2004. 磷脂脂肪酸方法在土壤微生物分析中的应用 [J]. 微生物学通报, 31 (1): 114-117.

王雪峰, 苏永中, 杨晓, 等. 2011. 干旱区沙地长期培肥对土壤线虫群落特征的影响 [J]. 中国沙漠, 31 (6): 1416-1422.

王韵, 王克林, 邹冬生, 等. 2007. 广西喀斯特地区植被演替对土壤质量的影响 [J]. 水土保持学报, 21 (6): 130-1341.

魏媛. 2008. 退化喀斯特植被恢复过程中土壤生物学特性研究——以贵州花江地区为例 [D]. 南京: 南京林业大学.

魏媛, 喻理飞, 张金池. 2008. 退化喀斯特植被恢复过程中土壤微生物活性研究——以贵州花江地区为例 [J]. 中国岩溶, 27 (1): 63-67.

魏媛, 张金池, 俞元春, 等. 2009a. 退化喀斯特植被恢复过程中土壤微生物活性的季节动态——以贵州花江喀斯特峡谷地区为例 [J]. 新疆农业大学学报, 32 (6): 1-7.

魏媛, 张金池, 俞元春, 等. 2009b. 贵州高原退化喀斯特植被恢复过程中土壤微生物数量的变化特征 [J]. 浙江林学院学报, 26 (6): 842-848.

魏媛, 张金池, 俞元春, 等. 2009c. 退化喀斯特植被恢复过程中土壤生化作用强度变化 [J]. 中国水土保持 (10): 29-32.

魏媛, 张金池, 俞元春, 等. 2010. 退化喀斯特植被恢复对土壤微生物数量及群落功能多样性的影响 [J]. 土壤, 42 (2): 230-235.

吴东辉, 胡克. 2003. 大型土壤动物在鞍山市大孤山铁矿废弃地生态环境恢复与重建中的指示作 [J]. 吉林大学学报 (地球科学版), 33 (2):

213-216.

吴东辉，胡克，殷秀琴．2004．松嫩草原中南部退化羊草草地生态恢复与重建中大型土壤动物群落生态特征［J］．草业学报，13（5）：121-126.

吴纪华，宋慈玉，陈家宽．2007．食微线虫对植物生长及土壤养分循环的影响［J］．生物多样性，15（2）：124-133.

吴建峰，林先贵．2003．土壤微生物在促进植物生长方面的作用［J］．土壤（1）：18-21.

武春燕，高雪峰．2008．土壤微生物生态学研究综述［J］．内蒙古科技与经济（22）：253-254.

武海涛，吕宪国，杨青，等．2006．土壤动物主要生态特征与生态功能研究进展［J］．土壤学报，43（2）：314-323.

向昌国，冯国禄，潘根兴，等．2007．西南岩溶地区土壤动物多样性及其对生态恢复的响应——以云南省弥勒县白龙洞地区为例［J］．湖南农业大学学报（自然科学版），33（3）：324-327.

阳文良．2016．浅析石漠化危害及治理措施［J］．中国林业产业（2）：185.

杨大星，杨茂发，徐进．2013．生态恢复方式对喀斯特土壤节肢动物群落特征的影响［J］．贵州农业科学，41（2）：91-94.

杨小青，胡宝清．2009．喀斯特石漠化生态系统恢复演替过程中土壤质量特性研究——以广西都安县澄江小流域为例［J］．生态与农村环境学报，25（3）：1-5.

易兰，由文辉．2006．天童植被演替过程中环境因子对土壤动物群落的影响［J］．华东师范大学学报（自然科学版）（6）：109-116.

尹文英．1992．中国亚热带土壤动物［M］．北京：科学出版社．83-87.

张平究，潘根兴．2010．植被恢复不同阶段下喀斯特土壤微生物群落结构及活性的变化——以云南石林景区为例［J］．地理研究，29（2）：223-234.

张平究，潘根兴．2011．不同恢复方式下退化岩溶山区土壤微生物特性［J］．水土保持学报，25（2）：189-197.

周玮，高渐飞．2017．喀斯特石漠化区植被恢复研究综述［J］．绿色科技（7）：4-7.

朱永恒，赵春雨，王宗英，等 . 2005. 我国土壤动物群落生态学研究综述
[J] . 生态学杂志，24（12）：1477-1481.

邹军，喻理飞，李媛媛 . 2010. 退化喀斯特植被恢复过程中土壤酶活性特
征研究 [J] . 生态环境学报，19（4）：894-898.

Achbergerová L, Nahalka J. 2011. Polyphosphate-an ancient energy source and
active metabolic regulator [J] . Microbial Cell Factories, 10（1）：63-76.

Aciego Pietri J C, Brookes P C. 2009. Substrate inputs and pH as factors con-
trolling microbial biomass, activity and community structure in an arable soil
[J] . Soil Biology & Biochemistry, 41（7）：1396-1405.

Aikio S, Väre H, Strömmer R. 2000. Soil microbial activity and biomass in the
primary succession of a dry heath forest [J] . Soil Biology & Biochemistry,
32（8）：1091-1100.

Albers D, Schaefer M, Scheu S. 2006. Incorporation of plant carbon into the soil
animal food web of an arable system [J] . Ecology, 87（1）：235-245 .

Allison V J, Miller R M, Jastrow J D, et al. 2005. Changes in soil microbial
community structure in a tallgrass prairie chronosequence [J] . Soil Science
Society of America Journal, 69（5）：1412-1421.

Allison V J, Condron L M, Peltzer D A, et al. 2007. Changes in enzyme activi-
ties and soil microbial community composition along carbon and nutrient gradi-
ents at the Franz Josef chronosequence, New Zealand [J] . Soil Biology &
Biochemistry, 39（7）：1770-1781.

Anderson T H. 2003. Microbial eco-physiological indicators to assess soil quality
[J] . Agriculture Ecosystems & Environment, 98（1-3）：285-293.

Andrássy I. 1956. Die Rauminhalts und Gewichtsbestimmung der Fadenwürmer
（Nematoden）[J] . Acta Zoologica Academiae Scientiarum Hungaricae, 2：
1-15.

Andrássy I. 1992. A short census of free-living nematodes [J] . Fundamental
and Applied Nematology, 15（2）：187-188.

Andrén O, Lindberg T, Boström U, et al. 1990. Organic carbon and nitrogen
flows [J] . Ecological Bulletin, 40：85-126.

Augé R M, Stodola A J W, Tims J E, et al. 2001. Moisture retentionproperties of a mycorrhizal soil [J]. Plant and Soil, 230 (1): 87-97.

Bach E M, Baer S G, Meyer C K, et al. 2010. Soil texture affects soil microbial and structural recovery during grassland restoration [J]. Soil Biology & Biochemistry, 42 (12): 2182-2191.

Bardgett R D, Bowman W D, Kaufmann R, et al. 2005. A temporal approach to linking aboveground and belowground ecology [J]. Trends in Ecology and Evolution, 20 (11): 634-641.

Barni E, Siniscalco C. 2000. Vegetation dynamics and arbuscular mycorrhiza in old-field successions of the western Italian Alps [J]. Mycorrhiza, 10 (2): 63-72.

Benizri E, Amiaud B. 2005. Relationship between plants and soil microbial communities in fertilized grasslands [J]. Soil Biology & Biochemistry, 37 (11): 2055-2064.

Berg M P, Bengtsson J. 2007. Temporal and spatial variability in soil food web structure [J]. Oikos, 116 (11): 1789-1804.

Berg P, de ruiter P, Didden W, et al. 2001. Community food web, decomposition and nitrogen mineralisation in a stratified Scots pine forest soil [J]. Oikos, 94 (1): 130-142.

Blanc C, Sy M, Djigal D, et al. 2006. Nutrition on bacteria by bacterial-feeding nematodes and consequences on the structure of soil bacterial community [J]. European Journal of Soil Biology, 42: S70-S78.

Bloem J, de Ruiter P C, Bouwman L A. 1997. Soil food webs and nutrient cycling in agro-ecosystems [M] // Van Elsas J D, Trevors J T, Wellington E (Eds), Modern soil microbiology. New York: Marcel Dekker Inc. 245-278.

Bongers T. 1990. The maturity index: an ecological measure of environmental disturbance based on nematode species composition [J]. Oecologia, 83: 14-19.

Bongers T, Korthals G. 1993. The Maturity Index, an instrument to monitor changes in the nematode community structure [C]. Summaries of the 45th International Symposium on Crop Protection, Belgium. 80-80.

Bongers T. 1994. De Nematoden van Nederland in Vormgeving en technische realisatie [M]. Utrecht: Koninklijke Nederlandse Natuurhistorische Vereniging.

Bongers T, Korthals G W. 1994. The behaviour of Maturity Index and Plant Parasitic Index under enriched conditions [C]. Nematology Symposium. 39.

Bongers T, Korthals G. 1995. The behaviour of MI and PPI under enriched conditions [J]. Nematologica, 41 (3): 286-286.

Bongers T, Bongers M. 1998. Functional diversity of nematodes [J]. Applied Soil Ecology, 10 (3): 239-251.

Bongers T, Ferris H. 1999. Nematode community structure as a bioindicator in environmental monitoring [J]. Trends in Ecology & Evolution, 14 (6): 224-228.

Bossio D A, Scow K M. 1998. Impacts of carbon and flooding on soil microbial communities: Phospholipid fatty acid profiles and substrate utilization patterns [J]. Microbial Ecology, 35 (3-4): 265-278.

Bouwman L A, Zwart K B. 1994. The ecology of bacterivorous protozoans and nematodes in arable soil [J]. Agriculture, Ecosystems & Environment, 51 (1-2): 145-160.

Briar S S, Grewal P S, Somasekhar N, et al. 2007. Soil nematode community, organic matter, microbial biomass and nitrogen dynamics in field plots transitioning from conventional to organic management [J]. Applied Soil Ecology, 37 (3): 256-266.

Briar S S, Fonte S J, Park I, et al. 2011. The distribution of nematodes and soil microbial communities across soil aggregate fractions and farm management systems [J]. Soil Biology & Biochemistry, 43: 905-914.

Briar S S, Culman S W, Young-Mathews A, et al. 2012. Nematode community responses to a moisture gradient and grazing along a restored riparian corridor [J]. European Journal of Soil Biology, 50: 32-38.

Brzeski M W. 1995. Changes of the nematode fauna in the successive age classes of a Scots pine forest [J]. Fragmenta Faunistica, 38 (14-25): 339-345.

Buchan D, Moeskops B, Ameloot N, et al. 2012. Selective sterilisation of undisturbed soil cores by gamma irradiation: Effects on free-living nematodes, microbial community and nitrogen dynamics [J]. Soil Biology & Biochemistry, 47: 10-13.

Buchan D, Gebremikael M T, Ameloot N, et al. 2013. The effect of free-living nematodes on nitrogen mineralisation in undisturbed and disturbed soil cores [J]. Soil Biology & Biochemistry, 60: 142-155.

Bulluck R, Barker K R, Ristaino J B. 2002. Influences of organic and synthetic soil fertility amendments on nematode trophic groups and community dynamics under tomatoes [J]. Applied Soil Ecology, 21 (3): 233-250.

Cao C Y, Jiang D M, Teng X H, et al. 2008. Soil chemical and microbiaological properties along a chronosequence of Caragana microphylla Lam. plantations in the Horqin sandy land of Northeast China [J]. Applied Soil Ecology, 40 (1): 78-85.

Chen L J, Li Q, Liang W. 2003. Effect of agrochemicals on nematode community structure in a soybean field [J]. Bullitin of Environmental Contamination and Toxicology, 71 (4): 755-760.

Chen Y F, Cao Z P, Popescu L, et al. 2014. Static and dynamic properties of soil food web structure in a greenhouse environment [J]. Pedosphere, 24 (2): 258-270.

Cleveland C C, Liptzin D. 2007. C: N: P stoichiometry in soil: is there a "Redfield ratio" for the microbial biomass? [J]. Biogeochemistry, 85 (3): 235-252.

Crotty F V, Blackshaw R P, Murray P J. 2011. Tracking the flow of bacterially derived ^{13}C and ^{15}N through soil faunal feeding channels [J]. Rapid Communications in Mass Spectrometry, 25 (11): 1503-1513.

de Goede R G M, Bongers T, Ettema C H. 1993. Graphical presentation and interpretation of nematode community structure: c-p triangles [J]. Mededelingen-Faculteit Landbouwkundige en Toegepaste Biologische Wetenschappen,

Universiteit Gent, 58 (2): 743-750.

de Ruiter P C, Moore J C, Zwart K B, et al. 1993. Simulation of nitrogen mineralization in the below-ground food webs of two winter wheat fields [J]. Journal of Applied Ecology, 30 (1): 95-106.

de Ruiter P C, Neutel A M, Moore J C. 1995. Energetics, patterns of interaction strengths, and stability in real ecosystems [J]. Science, 269 (5228): 1257-1260.

de Ruiter P C, Neutel A M, Moore J C. 1998. Biodiversity in soil ecosystems: the role of energy flow and community stability [J]. Applied Soil Ecology, 10 (3): 217-228.

de Ruiter P C, Neutel A M, Moore J C. 2005. The balance between productivity and food web structure in soil ecosystems [M]. UK: Cambridge university press. 139-153.

de Vries F T, Liiri M E, Bjørnlund L, et al. 2012a. Land use alters the resistance and resilience of soil food webs to drought [J]. Nature Climate Change, 2 (4): 276-280.

de Vries F T, Liiri M E, Bjørnlund L, et al. 2012b. Legacy effects of drought on plant growth and the soil food web [J]. Oecologia, 170 (3): 821-833.

de Vries F T, Thébault E, Liiri M, et al. 2013. Soil food web properties explain ecosystem services across European land use systems [J]. Proceedings of the National Academy of Sciences, 110 (35): 14296-14301.

Deng Q, Cheng X, Hui D, et al. 2015. Soil microbial community and its interaction with soil carbon and nitrogen dynamics following afforestation in central China [J]. Science of the Total Environment, 541: 230-237.

Ding X L, Zhang B, Zhang X D, et al. 2011. Effects of tillage and crop rotation on soil microbial residues in a rainfed agroecosystem of northeast China [J]. Soil & Tillage Research, 114 (1): 43-49.

Djigal D, Brauman A, Diop T A, et al. 2004. Influence of bacterial-feeding nematodes (Cephalobidae) on soil microbial communities during maize growth [J]. Soil Biology & Biochemistry, 36 (2): 323-331.

Dodd J. 2000. The role of arbuscular mycorrhizal fungi in agro- and natural eco-systems [J]. Outlook on Agriculture, 29 (1): 55-62.

Donovan P G, Michael N W, A. Stuart G, et al. 2011. Optimization of hydro-lytic and oxidative enzyme methods for ecoystem studies [J]. Soil Biology & Biochemistry, 43 (7): 1387-1397.

Ferris H, Bongers T, De Goede R G M. 2001. A framework for soil food web di-agnostics: extension of the nematode faunal analysis concept [J]. Applied Soil Ecology, 18 (1): 13-29.

Ferris H, Manute M M. 2003. Structural and functional succession in the nema-tode fauna of a soil food web [J]. Applied Soil Ecology, 23: 93-110.

Ferris H. 2010. Form and function: metabolic footprints of nematodes in the soil food web [J]. European Journal of Soil Biology, 46 (2): 97-104.

Ferris H, Griffiths B S, Porazinska D L, et al. 2012a. Reflections on plant and soil nematode ecology: past, present and future [J]. Journal of Nematology, 44 (2): 115-126.

Ferris H, Sánchez-Moreno S, Brennan E B. 2012b. Structure, functions and interguild relationships of the soil nematode assemblage in organic vegetable production [J]. Applied Soil Ecology, 61: 16-25.

Forge T A, Simard S W. 2000. Trophic structure of nematode communities, mi-crobial biomass, and nitrogen mineralization in soils of forests and clearcuts in the southern interior of British Columbia [J]. Canadian Journal of Soil Sci-ence, 80 (3): 401-410.

Forge T A, Bittman S, Kowalenko C G. 2005. Responses of grassland soil nema-todes and protozoa to multi-year and single-year applications of dairy manure slurry and fertilizer [J]. Soil Biology & Biochemistry, 37: 1751-1762.

Freckman D W, Ettema C H. 1993. Assessing nematode communities in agroeco-systems of varying human intervention [J]. Agriculture Ecosystems & Envi-ronment, 45 (3-4): 239-261.

Frostegård Å, Tunlid A, Bååth E. 1993. Phospholipid fatty acid composition, biomass, and activity of microbial communities from two soil types experimentally exposed to different heavy metals [J]. Applied and Environmental Microbiology, 59 (11): 3605-3617.

Fu S L, Ferris H, Brown D, et al. 2005. Does the positive feedback effect of nematodes on the biomass and activity of their bacteria prey vary with nematode species and population size? [J]. Soil Biology & Biochemistry, 37 (11): 1979-1987.

Fujimoto T, Hasegawa S, Otobe K, et al. 2010. The effect of soil water flow and soil properties on the motility of second-stage juveniles of the root-knot nematode (Meloidogyne incognita) [J]. Soil Biology & Biochemistry, 42 (7): 1065-1072.

Gebremikael M T, Buchan D, De Neve S. 2014. Quantifying the influences of free-living nematodes on soil nitrogen and microbial biomass dynamics in bare and planted microcosms [J]. Soil Biology & Biochemistry, 70: 131-141.

Georgieva S S, McGrath S P, Hooper D J, et al. 2002. Nematode communities under stress: the long-term effects of heavy metals in soil treated with sewage sludge [J]. Applied Soil Ecology, 20 (1): 27-42.

Goicoechea N, Antolin M C, Sánchez-Díaz M. 1997. Gas exchange is related to the hormone banlance in mycorrhizal or nitrogen-fixing alfalfa subjected to drought [J]. Physiologia Plantarum, 100 (4): 989-997.

González-Chávez M C, Carrillo-González R, Wright S F, et al. 2004. The role of global in, a protein produced by arbuscular mycorrhizal fungi, in sequestering potentially toxic elements [J]. Environmental Pollution, 130 (3): 317-323.

Gosling P, Hodge A, Goodlass G, et al. 2006. Arbuscular mycorrhizal fungi and organic farming [J]. Agriculture Ecosystems & Environment, 113 (1-4): 17-35.

Guan P T, Zhang X K, Yu J, et al. 2015. Variation of soil nematode community composition with increasing sand - fixation year of Caragana microphylla: Bioindication for desertification restoration [J]. Ecological Engineering, 81: 93-101.

Gyedu-Ababio T K, Baird D. 2006. Response of meiofauna and nematode communities to increased levels of contaminants in a laboratory microcosm experiment [J]. Ecotoxicology and Environmental Safety, 63 (3): 443-450.

Hassink J, Bouwman L A, Zwart K B, et al. 1993. Relationships between soil texture, physical protection of organic matter, soil biota, and carbon and nitrogen mineralization in grassland soils [J]. Geoderma, 57 (1-2): 105-128.

Helgason B L, Walley F L, Germida J J. 2010. No-tillage soil management increases microbial biomass and alters community profiles in soil aggregates [J]. Applied Soil Ecology, 46 (3): 390-397.

Hendrix P F, Parmelee R W, Crossley D A, et al. 1986, Detritus food webs in conventional and no-tillage agroecosystems [J]. Bioscience, 36 (6): 374-380.

Heuck C, Weig A, Spohn M. 2015. Soil microbial biomass C : N : P stoichiometry and microbial use of organic phosphorus [J]. Soil Biology & Biochemistry, 85: 119-129.

Hodson A K, Ferris H, Hollander A D, et al. 2014. Nematode food webs associated with native perennial plant species and soil nutrient pools in California riparian oak woodlands [J]. Geoderma, 228-229: 182-191.

Hohberg K. 2003. Soil nematode fauna of afforested mine sites: genera distribution, trophic structure and functional guilds [J]. Applied Soil Ecology, 22 (2): 113-126.

Holtkamp R, Kardol P, van Der Wal A, et al. 2008. Soil food web structure during ecosystem development after land abandonment [J]. Applied Soil Ecology, 39 (1): 23-34.

Holtkamp R, van Der Wal A, Kardol P, et al. 2011. Modeling C and N mineralisation in soil food webs during secondary succession on ex-arable land [J]. Soil Biology & Biochemistry, 43 (2): 251-260.

Hu S, van Bruggen A H C. 1997. Microbial dynamics associated with multiphasic decomposition of ^{14}C-labeled cellulose in soil [J]. Microbial

Ecology, 33 (2): 134-143.

Hunt H W, Coleman D C, Ingham E R, et al. 1987. The detrital food web in a shortgrass prairie [J]. Biology and Fertility of Soils, 3 (1): 57-68.

Háněl L. 2010. An outline of soil nematode succession on abandoned fields in South Bohemia [J]. Applied Soil Ecology, 46 (3): 355-371.

Irvine L, Kleczkowski A, Lane A M J, et al. 2006. An integrated data resource for modelling the soil ecosystem [J]. Applied Soil Ecology, 33 (2): 208-219.

Janse J D. 2001. Fatty acid analysis in the identification, taxonomy and ecology of plant pathogenic bacteria [J]. Developments in Plant Pathology, 11: 63-70.

Jared L D. 2009. The influence of time, storage temperature, and substrate age on potential soil enzyme activity in acidic forest soils using MUB-linked substrates and L - DOPA [J]. Soil Biology & Biochemistry, 41 (6): 1180-1186.

Jeffries P, Gianinazzi S, Perotto S, et al. 2003. The contribution of arbuscular mycorrhizal fungi in sustainable maintenance of plant health and soil fertility [J]. Biology and Fertility of Soils, 37 (1): 1-16.

Jenkinson D S, Brookes P C, Powlson D S. 2004. Measuring soil microbial biomass [J]. Soil Biology & Biochemistry, 36 (1): 5-7.

Jiang Y L, Sun B, Jin C, et al. 2013. Soil aggregate stratification of nematodes and microbial communities affects the metabolic quotient in an acid soil [J]. Soil Biology & Biochemistry, 60: 1-9.

Jonsson M, Wardle D A. 2010. Structural equation modelling reveals plant community drivers of carbon storage in boreal forest ecosystems [J]. Biology Letters, 6 (1): 116-119.

Kardol P, Bezemer T M, Van der Wal A, et al. 2005. Successional trajectories of soil nematode and plant communities in a chronosequence of ex - arable lands [J]. Biologycal Conservation, 126 (3): 317-327.

Korthals G W, Bongers M, Fokkema A. 2000. Joint toxicity of copper and zinc to a terrestrial nematode community in an acid sandy soil [J]. Ecotoxicology, 9 (3): 219-228.

Leifeld J, Kögel – Knabner I. 2005. Soil organic matter fractions as early indicators for carbon stock changes under different land use? [J]. Geoderma, 124 (1-2): 143-155.

Lenoir L, Persson T, Bengtsson J, et al. 2007. Bottomeup or topedown control in forest soil microcosms? Effects of soil fauna on fungal biomass and C/N mineralization [J]. Biology and Fertility of Soils, 43 (3): 281-294.

Li Q, Jiang Y, Liang W J, et al. 2010. Long – term effect of fertility management on the soil nematode community in vegetable production under greenhouse conditions [J]. Applied Soil Ecology, 46 (1): 111-118.

Li Q, Bao X L, Lu C Y, et al. 2012. Soil microbial food web responses to free-air ozone enrichment can depend on the ozone – tolerance of wheat cultivars [J]. Soil Biology & Biochemistry, 47: 27-35.

Li Y, Wu J S, Liu S L, et al. 2012. Is the C: N: P stoichiometry in soil and soil microbial biomass related the landscape and land use in southern subtropical China? [J]. Global Biogeochemical Cycles, 26 (4): 1-4.

Liang W J, Lou Y L, Li Q, et al. 2009. Nematode faunal response to long-term application of nitrogen fertilizer and organic manure in Northeast China [J]. Soil Biology & Biochemistry, 41 (5): 883-890.

Lou Y L, Liang W J, Xu M G, et al. 2011. Straw coverage alleviates seasonal variability of the topsoil microbial biomass and activity [J]. Catena, 86 (2): 117-120.

Marinari S, Masciandaro G, Ceccanti B, et al. 2000. Influence of organic and mineral fertilizers on soil biological and physical properties [J]. Bioresource Technology, 72 (1): 9-17.

McKinley V L, Peacock A D, White D C. 2005. Microbial community PLFA and PHB responses to ecosystem restoration in tallgrass prairie soils [J]. Soil Biology & Biochemistry, 37 (10): 1946-1958.

Moore J C, Zwetsloot H J C, de Ruiter P C. 1990. Statistical analysis and simulation modeling of the belowground food webs of two winter wheat management practices [J]. Netherlands Journal of Agricultural Science, 38 (3): 303–316.

Moore J C, de Ruiter P C. 1991. Temporal and spatial heterogeneity of trophic interactions with below-ground food webs [J]. Agriculture Ecosystems & Environment, 34 (1–4): 371–397.

Moore J C. 1994. Impact of agricultural practices on soil food web structure: Theory and application [J]. Agriculture ecosystems & Environment, 51 (1–2): 239–247.

Moore J C, Berlow E L, Coleman D C, et al. 2004. Detritus, trophic dynamics and biodiversity [J]. Ecology Letters, 7 (7): 584–600.

Moore J C, de Ruiter P C. 2012. Energetic Food Webs: An Analysis of Real and Model Ecosystems [M]. Oxford: Oxford University Press. 127–251.

Mulder C, Boit A, Bonkowski M, et al. 2011. A belowground perspective on Dutch agroecosystems: how soil organisms interact to support ecosystem services [J]. Advances in Ecological Research, 44: 277–357.

Myers R T, Zak D R, White D C, et al. 2001. Landscape-level patterns of microbial community composition and substrate use in upland forest ecosystems [J]. Soil Science Society of America Journal, 65 (2): 359–367.

Nagy P, Bakonyi G, Bongers T, et al. 2004. Effects of microelements on soil nematode assemblages seven years after contaminating an agricultural field [J]. Science of the Total Environment, 320 (2–3): 131–143.

Neher D A, Campbell C I. 1996. Sampling for regional monitoring of nematode communities in agrieuhurc soils [J]. Journal of Nematology, 28 (2): 196–208.

Neher D A. 1999. Nematode communities in soils of four farm cropping management systems [J]. Pedobiologia, 43: 430–438.

Neher D A. 2001. Role of nematodes in soil health and their use as indicators [J]. Journal of Nematology, 33 (4): 161–168.

Neher D A, Weicht T R, Moorhead D L, et al. 2004. Elevated CO_2 alters functional attributes of nematode communities in forest soils [J]. Functional Ecology, 18 (4): 584-591.

Neutel A M, Heesterbeek J A P, Van de Koppel J, et al. 2007. Reconciling complexity with stability in naturally assembling food webs [J]. Nature, 449 (7162): 599-602.

Ohtonen R, Fritze H, Pennanen T, et al. 1999. Ecosystem properties and microbial community changes in primary succession on a glacier forefront [J]. Oecologia, 119: 239-246.

Persson T, Bååth E, Clarholm M, et al. 1980. Trophic structure, biomass dynamics and carbon metabolism of soil organisms in a Scots pine forest [J]. Ecological Bulletin, 32: 419-459.

Persson T. 1983. Influence of soil animals on nitrogen mineralization in a Scots pine forest in Proceedings of the 8th International Colloquium of Soil Zoology [C] //New Trends in Soil Biology. Proceedings of the VIII International Colloquium of Soil Zoology. Belgium. 117-126.

Plaza C, Hernández D, García-Gil J C, et al. 2004. Microbial activity in pig slurry-amended soils under semiarid conditions [J]. Soil Biology and Biochemistry, 36 (10): 1577-1585.

Pradhan G B, Senapati B K, Dash M C. 1988. Relationship of soil nematode populations to carbon: nitrogen in tropical habitats and their role in the laboratory decomposition of litter amendments [J]. European Journal of soil Biology, 25 (1): 59-76.

Ritz K, Trudgill D L. 1999. Utility of nematode community analysis as an integrated measure of the functional state of soils: perspectives and challenges [J]. Plant and Soil, 212 (1): 1-11.

Robert L S, Brian H H, Jennifer J F S. 2009. Ecoenzymatic stochiometry of microbial organic nutrient acquisition in soil and sediment [J]. Nature, 462 (10): 795-798.

Robert L S, Jayne B, Stuart G F, et al. 2014. Extracellular enzyme kinetics scale with resource availability [J]. Biogeochemistry, 121 (2): 287-304.

Rønn R, Vestergård M, Ekelund F. 2012. Interactions between bacteria, protozoa and nematodes in soil [J]. Acta Protozoologica, 51 (3): 223-235.

Schipper L A, Degens B P, Sparling G P, et al. 2001. Changes in microbial heterotrophic diversity along five plant successional sequences [J]. Soil Biology & Biochemistry, 33 (15): 2093-2103.

Schröter D, Wolters V, de Ruiter P C. 2003. C and N mineralisation in the decomposer food webs of a european forest transect [J]. Oikos, 102 (2): 294-308.

Shukurov N, Pen-mouratov S, Steinberger Y. 2005. The impact of the Almalyk Industrial Complex on soil chemical and biological properties [J]. Environmental Pollution, 136 (2): 331-340.

Sikes B A, Cottenie C, Klironomos J N. 2009. Plant and fungal identity determines pathogen protection of plant roots by arbuscular mycorrhizas [J]. Journal of Ecology, 97 (6): 1274-1280.

Smith S E, Read D. 2008. Mycorrhizal symbiosis, 3rd edn [M]. UK: Academic Press. 507-521.

Sterner R W, Elser J J. 2002. Ecological Stoichiometry [M]. Oxford: Princeton University Press. 80-134.

Stewart W D, Hawksworth D L. 1991. The importance sustainable agriculture and biodiversity among invertebrates and microorganisms [C]. Biodiversity of Microorganisms & Invertebrates: Its Role in Sustainable Agriculture First Workshop on the Ecological Foundations of Sustainable, 26-27.

Strickland M S, Rousk J. 2010. Considering fungal: bacterial dominance in soils-methods, controls, and ecosystem implications [J]. Soil Biology & Biochemistry, 42 (9): 1385-1395.

Sánchez-Moreno S, Ferris H, Young-Mathews A, et al. 2011. Abundance, diversity and connectance of soil food web channels along environmental gradients in an agricultural landscape [J]. Soil Biology & Biochemistry, 43 (12): 2374-2383.

Tripathi S, Kumari S, Chakraborty A, et al. 2006. Microbial biomass and its activities in salt-affected coastal soils [J]. Biology and Fertility of Soils, 42 (3): 273-277.

Turpeinen R, Kairesalo T, Häggblom M M. 2004. Microbial community structure and activity in arsenic, chromium and copper-contaminated soils [J]. FEMS Microbiology Ecology, 47 (1): 39-50.

Ugarte C M, Zaborski E R, Wander M M. 2013. Nematode indicators as integrative measures of soil condition in organic cropping systems [J]. Soil Biology & Biochemistry, 64: 103-113.

Urzelai A, Hernandez A J, Pastor J. 2000. Biotic indices based on soil nematode communities for assessing soil quality in terrestrial ecosystems [J]. Science of the Total Environment, 247 (2-3): 253-261.

van der Heijden M G A. 2010. Mycorrhizal fungi reduce nutrient loss frommodel grassland ecosystems [J]. Ecology, 91 (4): 1163-1171.

Vance E D, Brookes P C, Jenkinson D S. 1987. An extraction method for measuring soil microbial biomass C [J]. Soil Biology & Biochemistry, 19 (6): 703-707.

Vestal J R, White D C. 1989. Lipid analysis in microbial ecology: quantitative approach to the study of microbial communities [J]. Bioscience, 39 (8): 535-541.

Villenave C, Ekschmitt K, Nazaret S, et al. 2004. Interactions between nematodes and microbial communities in a tropical soil following manipulation of the soil food web [J]. Soil Biology & Biochemistry, 36 (12): 2033-2043.

Wall D H, Bardgett R, Behan-Pelletier V, et al. 2012. Soil Ecology and Ecosystem Services [M]. UK: Oxford University Press. 16-30.

Wall J W, Skene K R, Neilson R. 2002. Nematode community and trophic structure along a sand dune succession [J]. Biology and Fertilility of Soils, 35 (4): 293-301.

Wardle D A, Ghani A. 1995. A critique of the microbial metabolic quotient

(qCO_2) as a bioindicator of disturbance and ecosystem development [J]. Soil Biology & Biochemistry, 27 (12): 1601–1610.

Wasilewska L. 1994. The effect of age of meadows on succession and diversity in soil nematode communities [J]. Pedobiologia, 38 (1): 1–11.

Wilson G W T, Rice C W, Rillig M C, et al. 2009. Soil aggregation and carbon sequestration are tightly correlated with the abundance of arbuscular mycorrhizal fungi: results from long–term field experiments [J]. Ecology Letters, 12 (5): 452–461.

Wilson W A, Roach P J, Montero M, et al. 2010. Regulation of glycogen metabolism in yeast and bacteria [J]. FEMS Microbiology Reviews, 34 (6): 952–985.

Wong V N L, Dalal R C, Greene R S B. 2008. Salinity and sodicity effects on respiration and microbial biomass of soil [J]. Biology and Fertility of Soils, 44 (7): 943–953.

Xiao H F, Griffiths B, Chen X Y, et al. 2010. Influence of bacterial–feeding nematodes on nitrification and the ammonia–oxidizing bacteria (AOB) community composition [J]. Applied Soil Ecology, 45 (3): 131–137.

Xu G L, Mo J M, Zhou G Y, et al. 2003. Relationship of soil fauna and N cycling and its response to N deposition [J]. Acta Ecologica Sinica, 23: 2453–2463.

Xu M G, Lou Y L, Sun X L, et al. 2011. Soil organic carbon active fractions as early indicators for total carbon change under straw incorporation [J]. Biology and Fertility of Soils, 47 (7): 745–752.

Yannikos N, Leinweber P, Helgason B L, et al. 2014. Impact of Populus trees on the composition of organic matter and the soil microbial community in orthic gray luvisols in Saskatchewan [J]. Soil Biology & Biochemistry, 70: 5–11.

Yeates G W, Bongers T, De Goede R G M, et al. 1993. Feeding habits in nematode families and genera–an outline for soil ecologists [J]. Journal of Nematology, 25 (3): 315–331.

Yeates G W. 1994. Modification and qualification of the nematode maturity index [J]. Pedobiologia, 38 (2): 97-101.

Yeates G W. 1999. Effects of plants on nematode community structure [J]. Annual Review of Phytopathology, 37: 127-149.

Yeates G W, Newton P C D, Ross D J. 2003a. Significant changes in soil microfauna in grazed pasture under elevated carbon dioxide [J]. Biology and Fertility of Soils, 38 (5): 199-210.

Yeates G W, Percival H J, Parshotam A. 2003b. Soil nematode responses to year-to-year variation of low levels of heavy metals [J]. Australian Journal of Soil Research, 41 (3): 613-625.

Yuste J C, Penuelas J, Estiarte M, et al. 2011. Drought-resistant fungi control soil organicmatter decomposition and its response to temperature [J]. Global Change Biology, 17 (3): 1475-1486.

Zelles L. 1999. Fatty acid patterns of phospholipids and lipopolysaccharides in the characterization of microbial communities in soil: a review [J]. Biology and Fertility of Soils, 29: 111-129.

Zhang S X, Li Q, Lü Y, et al. 2013. Contributions of soil biota to C sequestration varied with aggregate fractions under different tillage systems [J]. Soil Biology & Biochemistry, 62: 147-156.

Zhang W, Parker K M, Luo Y Q, et al. 2005. Soil microbial responses to experimental warming and clipping in a tallgrass prairie [J]. Global Change Biology, 11 (2): 266-277.

Zhang X K, Li Q, Zhu A N, et al. 2012. Effects of tillage and residue management on soil nematode communities in North China [J]. Ecological Indicators, 13 (1): 75-81.

Zhang X K, Guan P T, Wang Y L, et al. 2015. Community composition, diversity and metabolic footprints of soil nematodes in differently-aged temperate forests [J]. Soil Biology & Biochemistry, 80: 118-126.

Zhang Z Y, Zhang X K, Jhao J S, et al. 2015. Tillage and rotation effects on community composition and metabolic footprints of soil nematodes in a black soil [J]. European Journal of Soil Biology, 66: 40-48.

Zhao J, Neher D A. 2014. Soil energy pathways of different ecosystems using nematode trophic group analysis: a meta analysis [J]. Nematology, 16 (4): 379-385.